丁　伟　罗雪峰　李姗蓉◎编著

微生态调控防治

蔬菜连作病害的理论与实践

中国农业出版社

北　京

前 言

　　蔬菜是人类食物的重要组成部分，在我国城乡居民膳食结构中具有十分重要的位置，既可以提供维持生命活动的营养物质，又可以提供人体健康所必需的维生素、膳食纤维、矿物元素等。菜篮子的盈缺是反映人民群众生活水平和质量高低的重要标志，蔬菜种植业是特色效益农业的重要组成部分，也是农业结构调整的重要内容和农民增收致富的重要经济来源。稳定发展蔬菜产业对巩固脱贫成果、推进乡村振兴具有重要意义。据国家统计局数据，2021 年，我国蔬菜播种面积 9.25 亿亩次，占农作物播种面积的 11.9%，总产值 1.2 万亿元，占种植业总产值的 33%；与蔬菜种植相关的劳动力有 1 亿多人，与蔬菜加工、储运、保鲜、销售等相关的劳动力有 8 000 多万人；全年出口蔬菜 836.37 万 t，出口额 96.91 亿美元。因此，蔬菜产业的健康稳定发展，对人民群众生活、经济发展、居民就业、繁荣市场等方面都是十分重要的。

　　近年来，随着种植结构调整，蔬菜种植区相对集中，轮作土地面积有限，连作障碍逐年加重，加之全球气候的异常变化、品种抗性问题、健康栽培技术的缺乏等，蔬菜种植区土壤及根际生态环境恶化，十字花科根肿病（病原菌为十字花科芸薹根肿病菌 *Plasmodiophora brassicae*）、茄科蔬菜青枯病（病原菌为青枯雷尔氏菌 *Ralstonia solanacearm*）、镰刀菌根腐病（病原菌为镰刀菌属 *Fusarium*）、根结线虫病（主要病原为南

1

方根结线虫 *Meloidogyne incongnita*）等土传病害的发生危害逐渐加重，常年发病率为 5%～20%，严重地块发病率超过50%，导致局部地区损失严重，直接影响到蔬菜的产量、品质与特色，成为现代蔬菜产业持续健康发展的严重隐患和制约因子。要想破解这些难题，靠单一的防控技术不行，单纯的药剂投入不行，单一的品种改良也不行，而是必须借助现代生物技术、信息技术和植保综合技术，认真分析影响蔬菜根茎病害发生的关键因子和保障蔬菜根系健康的要素，以蔬菜种植过程中的健康维护为核心，从宏观和微观两个方面着手，采用综合、系统的控制措施，从根本上实现对根茎病害的有效控制，保障蔬菜的持续稳定和安全高效发展。

近年来，借助微生态理论研究的成果，通过应用益生菌、优化植物栽培环境、调控生物屏障、增进植物健康等措施来控制植物病害发生，已经成为植物病害防控研究的热点。*Science*、*Nature*、*Cell* 等世界知名科技杂志也都十分关注植物健康与根际微生态结构和功能之间的关系，发表了一系列理论和技术创新成果。在生产实践上，我国在主要粮食作物和经济作物上也已初步形成了通过构建多元平衡体系来维护植物基础健康、实现持续安全生产的技术体系。西南大学根际微生态过程与调控研究团队与重庆市农业技术推广总站蔬菜病害防治团队合作研究，以连作蔬菜土传病害发生与根际微生物的关系研究为突破口，关注与蔬菜品质风格特色密切相关的气候条件和土壤特性，通过分析根际营养状况和微生物组学特征等关键因子，形成影响连作土传病害发生的"四个平衡"理论，即土壤酸碱平衡、根际微生态平衡、营养元素平衡、寄主植物抗性与病原物相互作用之间的平衡，筛选出对根茎病害持续控制、维护蔬菜与土壤健康的微生态调控技术与多项产品，通过技术组配进行推广示范，通过培训讲座进行技术传播，在蔬菜基地现代化、规范化发展的进程中，不断夯实蔬菜科学种植的基础，提高科技赋能产业发展的能力和蔬菜产业一线生产者的专业技术水平，依靠科技创新和机制创新，走"生态、安全、优质、高效"的科学发展道路，对于解决蔬菜根茎病害、土壤、环境安全等问题，降低化学农药、肥料使用量，保证蔬菜生产的健康、持续、安全发展，提高蔬菜的经济效益和菜农种植积极性具有十分重大的意义。本书对这些研究理论和实践进行了总结，以供今后的理论创新、技术创新、产品创新和应用创新参考使用。

本书的出版得到了重庆市农业农村委员会、西南大学等单位的大力支持，得到了赵志模教授、刘万才研究员、董鹏研究员等专家的大力支持和帮助，西南大学赵志模教授、浙江大学张敬泽教授审阅全书初稿，并提出了宝贵的修改意见，全书的编写得到了西南大学植物保护学院刘晓姣、杨亮、李石力、江其朋、刘烈花、王金峰等研究生的积极参与，在技术和产品推广过程中得到了重庆西农植物保护科技开发有限公司张琳丽、刘志勇、唐元满、王丹、赖婷等人的大力配合，在此一并致谢。

由于作者理论和实践水平有限，书中难免存在不足和问题，恳请读者批评指正。

编著者

2024 年 2 月 10 日

目 录

CONTENTS

前言

第一章 | CHAPTER 1

蔬菜连作病害及发病原因

第一节 连作病害的概念

一、连作病害与连作障碍

蔬菜连作病害是指在特定地块由于连续多季或多年种植同种或者同科（属）蔬菜而引起的栽培蔬菜生长不良、器官受损、产量和品质下降的一类病害，一般指的是通过土壤传播的根茎类病害。连作病害虽然在蔬菜不连作的情况下也有发生，但由于连作使病原微生物大量积累，土壤条件发生改变，土壤生态环境恶化，在连作条件下此类病害的发生更为普遍，也更为严重。由于这类病害病原复杂、难以预警、防治困难、造成惨重损失，因此极大地影响了菜农的经济收入和种植蔬菜的积极性。如何有效控制蔬菜连作病害，保障蔬菜种植产业的持续、稳定、健康发展是生产上迫切需要解决的关键问题，也是现代农业科技创新的重要使命。

人类自进入农耕时代，就逐渐发现作物之间会相互影响，同一地块连续几年种植同一种作物，栽种的作物长势就会出现异常，产量就会逐年降低，病害就会逐渐发生。《齐民要术》记载，大豆不能与麻混作，而绿豆与小豆间作，并靠近桑树，则"二豆良美，润泽益桑"。这就是连作和套作对作物种植的影响（张豆豆等，2014），也反映出连作之后会表现出生长障碍和病害的发生。

在蔬菜种植区，连作是一种十分普遍的现象。狭义的连作，是指在同一块地里连续种植同一种作物或容易感染同一种病原菌或线虫的作物，也叫重茬种植；广义的连作，是指在一定区域内连续种植同一种（或同一科、属）作物。在蔬菜产区，由于常年大量种植蔬菜，连作病害发生区大多是指广义上的连作区。连作会带来一系列的问题，其中最为关键的问题就是连作障碍。连作障碍是指同一作物或近缘作物连作以后，即使在正常管理的条件下也会产生作物生长发育异常、病害发生频繁、品质变劣、产量降低的现象。连作障碍的症状一般包括生长发育不良，产量、品质下降；多数受害植物根系发生褐变、须根减少、活力低下，导致吸收水分、养分的能力下降；极端情况下，局部死苗，不发苗或发苗不旺；若病害严重发生，大量植株死亡。

从植物健康管理的角度来讲，连作障碍可以统称为连作病害，也就是说广义上的连作病害，不仅包括病原侵染造成的病害，也包括连作造成的作物一系列不正常表现及其导致的产、质量下降等。但从植物保护的角度来讲，连作病害通常是指因病原侵染而引起的连作作物病害，也就是一般意义上的连作病害，主要是指连作导致一些病原微生物积累，进而导致蔬菜感染病原微生物的机会大大增加，因此病害严重。这些病害会随着连作年限的增加而加重，严重时蔬菜大面积死亡，从而造成重大的经济损失。

二、连作障碍导致发病的原因

一是营养元素问题。栽培作物在一个地块长期种植对特定养分的过度消耗，使土壤中的一些营养元素缺失或者失衡。生产中，为了补充营养元素，种植户大量施用高浓度的化肥或者质量不好的有机肥，导致连作土壤盐分过重。这些盐分因为不能被充分淋溶，所以大量积聚在土壤耕层中，就产生了土壤次生盐渍化及酸化，这不仅影响了土壤养分的有效性，而且破坏了土壤的理化性质。

二是土壤微生态被破坏。连作还会造成土壤有益微生物减少、有害微生物增加，使土壤微生物的结构和功能发生显著变化。由于连作形成了特殊的土壤环境，固氮菌、根瘤菌、光合菌、放线菌、硝化细菌、氨化细菌、菌根真菌等有益微生物的生长繁殖受到抑制，而有害微生物大量滋生，土壤的微生物区系发生变化。特别是保护地蔬菜，复种指数高，一年四季不歇地，病虫害源不断积累，导致土传病害发生严重，仅靠药剂很难控制，形成了近年来"用药不治病"的现象。

三是作物的自毒作用。作物可通过地上部淋溶、根系自身的分泌和作物残茬腐解等途径释放和积累一些有毒物质，对同茬或下茬作物生长发育产生明显的抑制作用。多年连作，势必导致自毒作用越来越明显，连作障碍就会出现。连作时间越长，障碍越严重。

以上3个方面原因通常兼而有之，而且相互联系、相互促进，最终反映在连作作物生育状况变差、病害频发、品质变劣。

三、影响连作障碍发生程度的因素

一是连作持续的时间。一般连作次数越多，年限越长，连作障碍越严重。

二是土壤性质。通常，黏土的连作障碍重于砂土，团粒结构差的重于土壤结构好的，酸化土壤重于一般土壤，化肥（特别是氮肥）施用量大的重于化肥施用量少的。

三是作物的种类和生育期。一般茄科（尤其茄子、番茄）、豆科、十字花科、葫芦科（尤其西瓜）和蔷薇科蔬菜等连作障碍重，而伞形科、百合科、禾本科蔬菜相对能忍受重茬，连作障碍相对较轻。

四是栽培方式。一般保护地或者设施栽培的连作障碍重于露地常规栽培。

五是水肥管理。土壤水分不足、水分流动性差、肥力发挥作用不明显、灌溉不合理、化肥施用过多、有机肥施用少以及有机肥腐熟不当等都会加重连作障碍的发生。

随着社会的发展、人们对优质生活需求的日益增加以及对生产效益的追求，保护地和设施蔬菜生产的产业化不断发展壮大，全国各地相继涌现出一大批特定蔬菜的专业化基地，改善了原有耕作制度，提高了生产效率，解决了农民就业等一系列问题。但与此同时，过度单一的耕作制度和过多地追求经济效益，使蔬菜连作障碍问题更加突出，连作病害日渐加剧，造成的损失严重，因此，解决蔬菜连作障碍病害问题显得十分迫切。

第二节　主要的蔬菜连作病原及病害

一、连作蔬菜侵染性病害的类型

连作引起的侵染性病害实际上就是土传病害。土传病害是指病原（如真菌、细菌、病毒、线虫等）随病残体生活在土壤中，条件适宜时从作物根部或茎基部侵害作物而引起的病害。在连作条件下，土传病害的发生更为严重。土传病害病原种类繁多，有真菌、细菌、线虫、病毒以及原生动物等，不同地区和不同种类蔬菜发生的病害种类有很大差异，但一般可以分为以下 3 个大类。

第一类是幼苗病害。病原主要侵染刚出芽或者刚出土的幼苗，导致幼苗萎蔫、猝倒或者立枯。病原种类主要有丝核菌属 *Rhizoctonia* 的一些种，如立枯丝核菌 *R. solani*；腐霉属 *Pythium* 的瓜果腐霉 *P. aphanidermatum*；镰刀菌属 *Fusarium* 的茄病镰刀菌 *F. solani* 等。

第二类是植株的根腐病或根肿病。主要导致蔬菜根部腐烂、脱皮、黑腐、肿大等，植株早期生长正常甚至较好，但在中后期生长发育受阻，发病条件合适时突然发病，甚至死亡。侵染幼苗的病原都可能造成成株发病，此外，致病疫霉 *Phytophthora infestans*、根串珠霉 *Thielaviopsis basicola* 等可造成根腐和茎基部腐烂；芸薹根肿菌 *Plasmodiophora brassicae* 可造成根部组织肿大。

第三类是植株的维管束病害。主要导致植株萎蔫或者半边萎蔫，甚至全株死亡等。病原从根部入侵后，沿维管束传播，导致根茎输导障碍，造成植株萎蔫、枯黄、死亡。病原种类主要有青枯雷尔氏菌 *Ralstonia solanacearum*、黄萎轮枝菌 *Verticillium alboatrum* 等。

二、主要的连作蔬菜侵染性病害及病原种类

蔬菜连作导致的侵染性病害主要包括茄科蔬菜青枯病、十字花科蔬菜根肿病、各类蔬菜的线虫病和镰刀菌根腐病等（表 1-1）。

表 1-1 连作蔬菜的主要侵染性病害

病害类别	病害名称	学名	危害部位	主要寄主
真菌病害	腐烂病及猝倒病	腐霉菌属 *Pythium*	根部、茎部	瓜类、豆类、薯类、各类蔬菜、甜菜等
	立枯病	立枯丝核菌 *Rhizoctonia solani*	根部、茎部	茄科
	灰霉病	灰葡萄孢菌 *Botrytis cinerea*	茎基部	各类蔬菜
	根黑腐病	根串珠霉菌 *Thielaviopsis basicola*	根部	茄科
	镰刀菌枯萎病	尖孢镰刀菌 *Fusarium oxysporum*	根部、茎部	瓜类
	镰刀菌根腐病	茄病镰刀菌 *Fusarium*	根部	各类蔬菜
	茎基腐、茎腐	核盘菌 *Sclerotinia sclerotiorum*	茎基部	十字花科
	根肿病	芸薹根肿菌 *Plasmodiophora brassicae*	根部	十字花科
卵菌病害	黑胫病	致病疫霉 *Phytophthora parasitica*	茎基部	茄科
细菌病害	青枯病	青枯雷尔氏菌 *Ralstonia solanacearum*	根部、茎部、叶片	茄科
	细菌性黑腐病	黄单孢杆菌 *Xanthomonas campestis* pv. *raphani*	根部	各类蔬菜
	空茎病	欧文氏菌 *Erwinia carotovora*	茎部	十字花科、茄科

（续）

病害类别	病害名称	学名	危害部位	主要寄主
线虫病害	根结线虫病	根结线虫 *Meloidogyne* sp.	根部	瓜类、茄科
	根腐线虫病	短体线虫 *Pratylenchus* sp.	根部	各类蔬菜
	孢囊线虫	孢囊线虫 *Heterodera* sp.	根部	豆科
病毒病害	番茄斑萎病毒	番茄斑萎病毒 Tomato spotted wilt virus, TSWV	根部、茎部	茄科

三、主要的连作蔬菜营养病害

营养病害是指由于营养元素缺失、过剩、失衡，植物健康、品质及产量下降乃至植株死亡的植物病害。营养元素是蔬菜生长发育所必需的，是蔬菜器官和组织的构成成分，并直接参与新陈代谢；营养元素还可改变蔬菜的生长方式、形态和解剖学特性，例如，使蔬菜表皮细胞加厚、高度木质化或硅质化，从而形成机械屏障而增强其抗病性；也可通过生物化学特性的改变，例如，产生大量的抑制性或抗性物质（植物抗毒素），以增强植物对病害的抵抗力。但在实际生产中，由于蔬菜需肥的特性以及不合理地增施肥料，容易导致连作蔬菜的营养病害。蔬菜连作常常引起一些营养元素的缺乏、一些营养元素的多余，以及一些营养元素的不平衡，由此导致一些生理病害的出现；一些生理性病害的发生还可以引发某些侵染性病害的严重发生。主要的连作蔬菜营养病害见表1-2。

表1-2 蔬菜连作导致的营养病害种类

病害类型	主要特征	主要病害	主要救治措施
非侵染性营养病害（缺素症）	植物失绿、畸形、矮小、叶片边缘枯焦、坏死等	各类缺素症，如缺铁症、缺硼症、缺锌症等	对应补充缺失的微量元素

（续）

病害类型	主要特征	主要病害	主要救治措施
营养型亚健康	品质下降，风味特色受损，适应性不强等	一般症状不明显，但品质不好	平衡营养，增施有机肥
侵染性营养病害	元素缺失或者失衡而引发真菌、细菌、病毒等病原物侵染	氮素过多引起的立枯病；钾素过少引起的叶斑病；缺锌引起的病毒病；缺钼引起的青枯病等	在采用药剂控制病害的同时，补充对应的微量元素

连作导致蔬菜营养病害的原因是某些营养元素的缺失、失衡或者个别营养元素的过量。了解营养元素影响植物病害的机理，补充缺失的关键元素，调节营养元素的平衡，是控制营养病害的根本。

氮素施用过多会降低植物的抗病性，如果不施用磷肥、钾肥，单施或过量施用氮肥，会显著增加茄叶斑病、萝卜叶斑病、甘蓝头腐病、黄瓜枯萎病等的发病率。

合理施用钾肥可降低白粉病、黑斑病等的发生。

保证钙元素的充足，可有效降低豇豆立枯病、茄科作物青枯病、辣椒灰霉病、炭疽病等的发生。

适量施用镁元素，可控制豇豆立枯病、花椰菜头腐病、枯萎病、软腐病的发生。

硫元素的施用也要适量，硫过量可增加大豆疫病的发病率。

施硼可有效控制大白菜根肿病、灰霉病、番茄晚疫病、马铃薯干腐病、炭疽病等的发生。

增施钼元素对蔬菜细菌性病害，如白菜软腐病、茄青枯病等均有显著的防控效果。

四、作物自毒物质的种类和危害

作物在生长过程中不断地通过根系向土壤中排泄根系分泌物，作物自身的残枝落叶中也有大量的次生代谢物质，这些物质总体来说是植物与环境进行物质循环与能量流通的一部分，但很多物质会对植物自身产生不利影响。这类物质的积累，不仅影响根际病原菌和土著微生物的生长与功能，也会直接影响植物的生长和抗性，被称为自毒物质。在生长过程中，植物个体通过根系释放的化学代谢产物（根系分泌物、一些次生代谢物质等），影响其自身和同种植物的生长发育，这种现象被称为自毒作用。自毒物质可损伤植物根细胞结构和功能，减弱植物根系活力，降低植物抗性（游川等，2024）。这类物质主要包括脂肪酸、有机酸、酚酸类等。

自毒作用首先具有选择性，例如西瓜根系分泌物对其幼苗具有严重的自毒作用；其次，具有浓度效应，浓度越高则自毒作用越强；最后，具有协同作用，即多种自毒物质综合作用效果强于各自毒物质单独作用之和（苏浩等，2024）。表1-3列出了一些蔬菜主要的自毒物质及其作用。

表1-3　典型植物代谢性自毒物质的来源与功能

自毒物质名称	来源植物代表	自毒物质类型	主要功能
肉桂酸	茄科植物、黄瓜	有机酸	引起茄科植物自毒，促进青枯病和黄萎病的发生；诱导活性氧的光抑制和过度积累
邻苯二甲酸	百合、茄科植物	酚酸类	抑制种子萌发，减少有益细菌数量，导致土壤中真菌类病原微生物（如尖孢镰刀菌）的增加
阿魏酸	黄瓜	有机酸	抑制幼苗生长，降低细菌多样性，增加真菌多样性
2,4-二氯苯甲酸	黄瓜	酚酸类	导致植株生长受到抑制和果实产量显著下降
己二酸	芋头	酚酸类	抑制幼苗生长
棕榈酸甲酯	番茄	脂肪酸	抑制下胚轴和根系生长
油酸甲酯	番茄	脂肪酸	抑制下胚轴和根系生长

资料来源：游川等，2024。

五、蔬菜连作病害的发生特点和防治难点

一是蔬菜连作导致的土传根茎类病害包括：青枯病、黑胫病、根

黑腐病、镰刀菌根腐病、线虫病等。这些都是土传病害，与土壤微生态和土壤质地关系密切。

二是病原微生物主要危害蔬菜根部、茎部。人们看到发病症状时，病害一般已经发展到了后期，药剂防控效果不佳，预防十分关键。

三是优化土壤环境和土壤生态条件。补充益生菌，调控根际微生物，构建健康的根际微生态环境，保障根系健康是控病的关键。

四是土壤 pH 和土壤元素状况对发病影响显著。平衡土壤 pH、增施有机肥和补充微量元素对控病十分重要。

五是不同蔬菜品种的根系分泌物与病害发生密切相关。消化降解根系分泌物是控制根茎病害发生的重要途径。

六是可采用伏天盖膜热处理、闷棚，土壤局部熏蒸或者全部熏蒸等措施降低病原基数。

七是根据连作病害的发生特点，在发病初期或者移栽时精准用药，对病原微生物进行控制；在关键生育期或者发病初期采用诱抗物质，进行抗性诱导等，这些都是化学调控的手段。

第三节　影响蔬菜连作病害发生的关键因子

蔬菜连作病害的成因十分复杂，是栽培品种、生态环境、土壤条件和微生物等多种因素综合作用的结果。蔬菜连作病害发生原因可归结为不合理施肥导致土壤理化性质恶化，微生物比例失衡导致土传病害严重发生，有害物质积累导致毒害作用，不合理的栽培模式根际生态环境变化 4 个方面。

一、不合理施肥导致土壤理化性质恶化

不同蔬菜，甚至同一种蔬菜的不同品种，对养分的需求特点和规律都是不同的。为追求高产，忽视作物品种的需肥特性而盲目施用大量有机肥和化肥，或者重施氮、磷肥而轻施钾肥，氮、磷养分含量远远超出了蔬菜本身的吸收量，不仅造成肥料大量浪费，而且随着作物种植年限的增加土壤理化性状会有所变化，连作多年后土壤中盐类物

质会不断积累，从而造成土壤板结，使土壤中活性孔隙比例降低，通气透水性变差，土壤容重增大，需氧型微生物活性下降，严重影响植株的正常生长。连作土壤理化性质的恶化还表现在以下几个方面。

一是 pH 降低，土壤酸化。这在蔬菜种植区是一个普遍的现象，尤其是在过量施用化学肥料、有机肥施用偏少的连作地块，因土壤的缓冲能力和离子平衡能力遭到破坏而导致 pH 下降的土壤酸化现象时有发生。土壤酸化造成土壤溶液浓度增加、渗透势加大、铝离子活性高等，导致农作物种子的发芽、根系的吸水吸肥等均不能正常进行。

在土壤 pH≤5.0 的条件下，土壤酸化对栽培植物产生铝毒害。土壤酸化会影响土壤中元素的形态，影响土壤的质量。在矿质土壤中，pH≤5.5 时，土壤中氮、磷、钾、硫、钙、镁的有效性显著降低，影响作物的生长发育；而土壤中的铝、铁、锰、铜等元素的有效性显著增加，开始对植物产生毒害作用。曾路生等（2010）发现，土壤酸化显著增加了土壤中有效铜的含量，达到了极丰富的水平，可能产生了铜的毒害作用。同时，土壤酸化还会造成土壤中重金属铅、镉含量的增加，导致植物吸收重金属过量，影响农作物的品质。

土壤 pH 作为指示土壤状态的一个重要指标，与植物土传病害的发生存在密切的联系。适度的酸性（pH 5.5～6.0）条件，更适宜尖孢镰刀菌的生长，加剧大豆根腐病和茄科作物根腐病的发生；土壤 pH 5.2 时，草莓真菌性枯萎病发生严重。大量研究表明，土壤酸化可加剧青枯病的发生（参见本章第四节）。

二是土壤次生盐渍化。由于蔬菜生长需要一定的设施和浇灌条件，若长期处于封闭状态，受气温高、水分蒸发量大等影响，土壤中的氮、磷、钾等矿物质养分随着水分的蒸发迁移至土壤表层，再加之一些设施栽培的土壤缺少雨水淋洗，土壤就会发生次生盐渍化。研究表明，土壤中硝酸盐的累积是造成土壤盐渍化的主要原因。设施栽培施肥量大，且常年覆盖改变了自然状态下的水分平衡，土壤长期得不到雨水充分淋浇，再加上温度较高、土壤水分蒸发量大，下层土壤中的肥料和其他盐分会随着深层土壤水分的蒸发，沿土壤毛细管上升，最终在土壤表面形成一薄层白色盐分，加重土壤次生盐渍化的发生。蔬菜栽培用肥量大，并且由于种植品种单一，肥料的使用也不会多样化；长期大量使用相同类型的肥料，会使土壤养分变得不平衡，被蔬菜吸收的中微量元素得不到补充，而大量元素却在土壤中积累严重，也会导致土壤发生盐渍化。

三是土壤酶活性降低。土壤酶作为土壤中最活跃的有机成分之一，直接参与土壤中各种物质的代谢与转化以及养分物质的释放与固定，它的活性是评价土壤肥力和土壤质量的重要指标。土壤板结、酸化、盐渍化等问题的出现，严重影响了土壤酶活性。有报道发现，连作辣椒土壤中脲酶和过氧化氢酶的活性显著低于间作和轮作土壤；连作黄瓜土壤中脲酶的活性升高，过氧化氢酶、酸性磷酸酶等土壤酶的活性显著降低。以上现象表明，连作土壤中的酶活性可能因连作作物品种、土壤环境、连作年限等因素的不同而发生变化。随着人们对土壤微生态研究的不断深入，愈来愈多的专家将注意力集中到土壤酶的研究上，这对于改善土壤特性、避免连作病害有重要的价值。

四是元素平衡被破坏。植物对营养元素存在选择性吸收现象，因此同一种蔬菜长期连作，会导致某些营养元素被过度消耗，若得不到及时补充便会出现"木桶短板效应"，使蔬菜的正常生长和抗性提升受制于某种元素的缺失；与此同时，另一些营养元素会随着种植年限的增加而不断积累，造成土壤中养分不均衡现象。再者，不同种类蔬菜根系分布深浅不同，长期单一连作，同一深层的根系吸收范围固定，从而造成一定土层中营养成分的缺乏，容易出现缺素症状，最终使蔬菜生育受阻，产量和品质下降。作物体内各种养分比例失调也受到施肥量与施肥种类的影响，长期过度施肥与不合理地单一施肥会影响作物对养分的吸收与利用，导致植物的抗逆能力和抗病虫害能力下降，蔬菜产量和品质受到严重影响。

二、微生物比例失衡导致土传病害严重发生

土壤微生物群落包含各种真菌、细菌、病毒、线虫、原生动物类、藻类、古细菌等，其中既有作物致病性微生物，也有非致病性微生物，以及与致病微生物相克的生物等。土壤微生物群落及其土壤环境构成

的微生态系统的平衡和稳定是维持植物健康生长的必要条件。

国内外大量研究认为，连作障碍主要是由土壤生物学环境失去平衡（土壤中有害微生物增加、作物残茬毒害、寄生线虫数量增加、营养元素的单一消耗等）以及土壤理化性状恶化（土壤养分的不均衡利用、土壤盐类物质积聚、土壤物理性状变差等）导致的。而其中最为重要的原因，是微生物比例失调导致的病原微生物的积累、土传病害的发生。

栽培蔬菜连作后，土壤理化性质以及光照、温湿度、气体条件发生变化，一些有益微生物（铵化菌、硝化菌等）生长受到抑制，而一些有害微生物迅速繁殖，土壤微生物的自然平衡遭到破坏，不仅导致肥料分解过程的障碍，而且病虫害发生多、蔓延快，并逐年加重，而一些常见的病害（如灰霉病、霜霉病、根腐病、枯萎病等）以及一些主要害虫（如白粉虱、蚜虫、斑潜蝇等）基本无越冬现象，使得生产者常常依靠加大药量和频繁用药来控制，造成对环境和农产品的严重污染。

土壤微生物的多样性对于土壤养分循环、土传病害控制、土壤结构稳定等具有非常重要的影响。在设施蔬菜生产中，长期种植单一作物，作物根系分泌物以及微生物的能量来源较单一，导致根际微生物的多样性降低、比例失衡。设施蔬菜的土传病害主要有瓜类和番茄的枯萎病、青枯病、根结线虫病等。根据对土壤根际微生物的调查，连作蔬菜土壤中的真菌和细菌数量高，放线菌数量低，并且随着连作时间的延长，土壤中的病原微生物丰度增加，有益微生物数量减少，导致土传病害加重。设施蔬菜生产中化肥的过量施用，会导致土壤中的有益拮抗菌数量减少，病原微生物的数量增加，致使土传病害加重。另外，也有研究表明，连作年限与微生物种群结构关系密切，连作时间越长，病原微生物数量与种类越多，土传病害也越严重。

细菌、真菌、放线菌是土壤微生物的重要组成部分，能够促进植物残体的降解、腐殖质形成，在养分的转化与循环中都起着十分重要的作用。在连作蔬菜土壤中，由于长期连作栽培，土壤中的蔬菜根系分泌物及根系残茬腐解物为有害菌提供了丰富的营养和寄生条件。在长期适宜的温湿度环境下，有害菌数量不断增加，一旦新的根系出现便会迅速侵染，从而造成危害。随着连作年限的增加，有害真菌的种类和数量也会随之增加，而放线菌的含量会减少。连作导致土壤微生物间的拮抗作用减弱，病原菌活性增加，加重土传病虫害的发生。而土传病虫害是引起连作障碍最主要的因子，70%左右的蔬菜连作障碍是由土传病虫害引起的。

高浓度的病原微生物是植物病害暴发的主要原因。长期连作会导致土壤质量退化，增加病原微生物侵染的风险。良好的土壤微生物群落不仅推动了植物许多重要的生理生化过程，而且还对生物和非生物的土壤条件作出反应。研究表明，土壤中有益微生物的相对丰度与土传病害的发生之间呈显著的负相关性，土壤中微生物群落结构和功能的优化可以抑制病原微生物的侵染。平衡的土壤微生物群落结构、丰富的土壤微生物多样性不仅能增强作物抵抗土传病害的能力，同时也是维持土壤生态系统稳定和可持续发展的关键。土壤微生物可以分解土壤矿物质，使植物充分利用并健康生长；通过分泌多糖物质，紧密地粘连土壤颗粒防止侵蚀；同时还可调节土壤激素平衡，帮助植物应对生物或非生物胁迫。有研究表明，放线菌门和厚壁菌门的土壤微生物群落失衡会导致番茄青枯病发生。土壤的物理和化学性质也会直接或间接作用于土壤微生物，进而影响病原物的侵染。

三、有害物质积累导致毒害作用

蔬菜会与特定的微生物及昆虫之间建立长期的互作关系，一些微生物和昆虫会通过寄生和相互利用与某些植物达到协同生存的目的。连续种植同一类蔬菜会导致土壤中病原微生物和害虫的大量积累，反而对蔬菜的正常生长造成威胁。例如，根腐病、青枯病、猝倒病、立枯病、疫病等病害的病原菌会残留在土壤中，从而使得该地块上的病害越发严重。此外，根结线虫、地蛆等虫害也会随之增多，直接阻碍蔬菜根系对养分的吸收，最终导致各种病害频发。

蔬菜在栽培过程中，可通过地上部分的淋溶、残茬的腐解、微生物的降解，尤其是根系自身的分泌等途径，释放出一些活性物质，影响着土壤，也影响着植物的健康。在这些物质中，糖类、维生素、酶、生长调节物质等对作物和土壤微生物来说是重要营养物质；而另一类物质，主要是低分子量的化感物质，如苯甲酸、苯丙烯酸、对羟基苯甲酸、四羟基苯甲酸、肉桂酸等，对作物是有害的，其有害性一方面表现为影响土壤微生物的结构和土壤理化性质，使土壤微生态环境恶化，从而导致作物生长受阻；另一方面，作为化感物质，可直接损害作物根系的膜系统和抗氧化系统，不仅降低作物的抗逆能力，而且抑制根系对营养物质和水分的吸收，降低光合效率，影响蛋白质等物质的合成。这些有害物质对作物生长的抑制现象被称为作物的自毒作用。

自毒作用常发生在同种或同科属作物内，在连作的情况下，这些有害物质不断积累，作物的自毒作用愈加明显。因此，自毒作用是连作障碍和连作病害发生的重要因子之一。

作物的根系分泌物被认为是造成自毒作用的主要因素，肉桂酸等酚酸类物质被认为是造成自毒作用的主要次生代谢产物，酚酸类物质和某些脂肪酸对植物生长产生抑制作用。黄瓜等蔬菜根系分泌的苯甲酸、肉桂酸等酚酸类物质均存在化感作用，对种子萌发和植株生长存在明显的抑制作用，且与其浓度呈正相关关系。

四、不合理的栽培模式导致根际生态环境变化

根系浅的蔬菜更容易遭受连续种植带来的伤害。由于土壤中的养分有限，同一种类蔬菜连续吸收土壤中特定的养分，致使土壤中的某些养分不足甚至缺乏。以大白菜为例，常年在同一块地种植会导致土壤中氮素和钙素缺乏，引发叶边黄化、干枯、包心不实、易患病等问题。

不同蔬菜合理轮换种植，是合理利用土壤肥力、促进土壤生态平衡、优化土壤养分供给的有效措施，也是减轻病虫害的有效途径。各种常见蔬菜的轮作要点如下。

1. 根菜类

以肉质根或者块根为产品的菜类。

（1）萝卜：秋冬萝卜茬口以瓜类、茄果类、豆类等为宜，早春萝卜的茬口为菠菜、芹菜、甘蓝、秋莴苣、胡萝卜等；四季萝卜可与南

瓜等隔畦套作。

（2）秋冬胡萝卜：前茬作物多为小麦、春白菜、春甘蓝、豆类等；后茬作物种植小麦、洋葱、春甘蓝、大葱、马铃薯等。

（3）春播胡萝卜：前茬多为秋白菜、大葱、冬甘蓝、菠菜等；后茬蔬菜多为白菜、甘蓝类、芹菜、菠菜、秋菜豆、秋黄瓜等。

（4）洋葱：是秋作瓜果类蔬菜的良好前茬作物，与番茄、冬瓜等瓜果类蔬菜隔畦间作，或在畦埂上套种莴笋、四季萝卜、矮生豇豆、球茎茴香、茄子等。

（5）大蒜：最忌连作，不要与其他葱蒜类植物重茬。秋播大蒜的前茬以早熟菜豆、瓜类、茄果类、马铃薯等为好；春播大蒜以秋菜豆、瓜类、南瓜、茄果类等为好；大蒜是其他作物的良好前茬。

（6）莲藕：可与稻轮作，早藕收获后可种植水芹、慈姑、荸荠、豆瓣菜等。莲藕常常与慈姑、荸荠、茭白等隔年轮作，或与茭白间作。

（7）茭白：不宜连作，可与藕、慈姑、荸荠、蒲草、水稻等轮作。

2. 茎菜类

以茎或者变态茎为产品的菜类。

（1）马铃薯：前茬优选葱蒜类、黄瓜，其次为禾谷类作物及大豆。不宜与其他茄科作物和根菜类相互轮作。

（2）薯蓣：春季可与叶菜类、甘蓝类、小麦、豆类等间作，夏季可套种茄果类、瓜类等蔬菜，秋季可套种耐寒性蔬菜，2～3年轮作。

（3）大葱：最忌连作。需3年以上轮作，与粮食作物轮作，利用葱茬栽培大白菜和瓜类蔬菜。大葱生长前期间种早熟萝卜，后期套种菠菜等越冬作物。

3. 叶菜类

以普通叶片或叶球、叶丛、变态叶为产品的菜类。

（1）大白菜：与水稻等轮作；不宜连作也不宜与其他十字花科作物轮作。在轮作中，①选收获期较早的蔬菜，如茄果类；②选前茬施肥较多的蔬菜，如黄瓜、西瓜；③以葱蒜为前作，可以减少病虫害。大白菜种在韭菜埂上或大蒜垄间，病害明显减少。

（2）小白菜与乌塌菜：可与瓜类、豆类、根菜类及大田作物轮作。

春植的菜可与茄果类、豆类、瓜类、薯蓣等间、套种；夏秋菜可与芹菜、茼蒿、胡萝卜等混播；早秋白菜可与花椰菜、甘蓝、秋马铃薯等间、套种；冬季菜与春甘蓝、莴笋等间作。

（3）结球甘蓝：前茬以瓜类、豆类为主，忌连作；露地栽培时，可与玉米等高秆作物间作。可与番茄、黄瓜、架豆等高架蔬菜隔畦间作。

（4）苋菜：可与茄果类、瓜类、豆类等蔬菜的早熟栽培品种在大棚或温室内间作。

（5）荠菜：秋播荠菜前茬最好为番茄、黄瓜等；春荠菜前茬为大蒜等，忌连作。

（6）芜菁：前茬多为瓜类、豆类、茄果类及马铃薯，2～3 年轮作，不与其他十字花科蔬菜连作。

4. 花菜类

以花、肥大的花茎或花球为产品的菜类。

（1）花椰菜：不宜连作，前茬不能为十字花科作物。

（2）金针菜（黄花菜）：相对耐连作，对作物品种的要求不严格。

（3）青花菜：不宜连作，前茬不能为十字花科作物。

5. 果菜类

以嫩果实或者成熟的果实为产品的菜类。

（1）黄瓜：春黄瓜前茬多为秋菜或春小菜及越冬小菜；后茬适种多种秋菜。夏秋黄瓜前茬适种各种春夏菜；后茬适种越冬菜或春小菜。黄瓜与番茄相互抑制，不宜轮作和套种。

（2）番茄：3～5 年轮作，不与茄科作物连作。前茬为各种叶菜和根菜；后茬也可以是叶菜和根菜，也可以与短秆作物或蔬菜间、套种，例如与大豆、甘蓝、球茎茴香、葱、蒜等隔畦间作。在秋棚番茄中套种小菜，可降地温。在番茄中套种甜玉米，可诱蛾产卵，集中消灭。

（3）辣椒：不宜与茄科作物连作，可与叶菜、根菜、花生等短秆作物间作。

（4）茄子：前茬为越冬叶菜，也可与早生甘蓝、早熟白菜、春萝卜、水萝卜、樱桃萝卜等生长期短的蔬菜套种；后茬可栽种大白菜等秋菜。茄子不宜与其他茄科蔬菜（如番茄、辣椒、马铃薯等）轮作。

露地、日光温室和塑料大棚栽培茄子时，可与叶菜类、瓜类、豆类等蔬菜轮作，但茄果类蔬菜栽培面积逐年扩大，轮作倒茬比较困难。露地和塑料大棚栽培茄子时，实行茄粮轮作，有利于控制土传病害的发生，对黄萎病来说，是行之有效的措施。

（5）甜瓜：忌连作，3～5年轮作，忌与其他瓜类接茬。以叶菜类为前后茬最好，后茬叶菜可明显增产。

（6）豆类：菜豆、豌豆、荷兰豆、甜脆豆、架豆等不宜连作，3年以上轮作。前茬为秋冬菜或休闲地，露地菜、水稻、玉米、花生等作物均可作前茬。在南方，春茬为春萝卜、菠菜等春小菜茬；后茬蔬菜主要为越冬菠菜、芹菜、大白菜和秋甘蓝，也可以是秋马铃薯、萝卜、白菜、乌塌菜、芥蓝、菜薹。在北方，特别适合与高秆作物间作。

（7）冬瓜：可与姜、芋头等间作，也可与韭菜、辣椒、茄子、番茄等套作，冬瓜架下套种球茎茴香、莴笋、结球甘蓝、小叶菜等比较合适。

（8）西瓜：忌连作，要轮作5年以上。轮作作物可选择小麦、水稻、玉米、萝卜、甘薯和绿肥等。

第四节　影响蔬菜连作病害发生的关键因子研究实例

一、作物根系分泌物对青枯病发生的影响

针对作物根系分泌物与茄科作物青枯病发生的关系这一问题，西南大学根际微生态过程与调控研究团队系统研究了根系分泌物——有机酸类对青枯病发生的影响。

（一）根系分泌物对青枯菌运动性的影响

通过分析青枯菌在不同浓度有机酸诱导下的平板运动，发现作物根系分泌物中的部分有机酸物质，如肉桂酸、反丁烯二酸、肉豆蔻酸、苯甲酸、邻苯二甲酸、月桂酸具有诱菌活性，能够诱导青枯菌在平板中的运动以及趋化活性，其中肉桂酸对青枯菌趋化活性的影响最为显著（图1-1/彩图1、图1-2）。

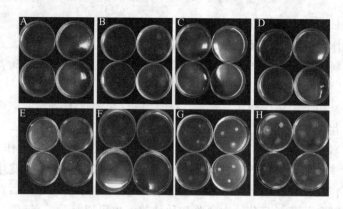

图1-1　有机酸诱导下的青枯菌平板运动

注：A为月桂酸诱导下的青枯菌平板运动；B为邻苯二甲酸；C为肉豆蔻酸；D为反丁烯二酸；E为肉桂酸；F为苯甲酸；G为0.2%甲醇溶剂对照；H为清水对照；单张图片中左上、右上、左下、右下对应的浓度依次为50、100、150、200μmol/L。

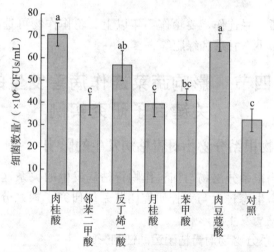

图1-2　150μmol/L有机酸对青枯菌趋化活性的影响

注：不同小写字母表示不同样本间差异显著（$P < 0.05$）。余同。

（二）根系分泌物对青枯菌根部定殖的影响

研究结果表明，外源肉桂酸能够诱集青枯菌在寄主植物根部定殖（图1-3、图1-4/彩图2）。多种有机酸均能够有效提高青枯菌的根部定殖活性，其中肉桂酸与肉豆蔻酸活性最好，青枯菌的根部定殖数量分别是对照的 15.08 倍与 18.67 倍。

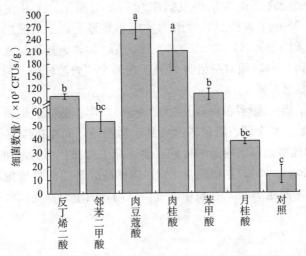

图 1-3 不同种类有机酸对青枯菌根部定殖的影响

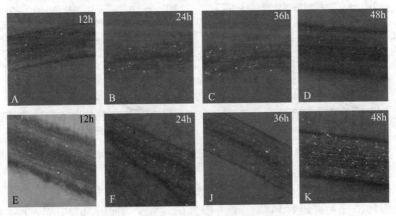

图 1-4 肉桂酸对青枯菌在根部定殖的影响

注：A~D 为对照组，E~K 为肉桂酸处理组。

（三）肉桂酸对田间青枯病发生的影响

通过添加不同浓度的外源肉桂酸，评估在处理后的土壤中种植番茄时青枯病发生情况，结果如图 1-5a。从发病率看，两个浓度处理的番茄植株在接菌后 4d 开始发病，要提前于对照组 2d，且在整个调查期内，肉桂酸处理组的青枯病发病率均高于对照组，尤其在接菌后的 10～16d，75μg/g 肉桂酸处理组的发病率要显著高于对照组，两者之间存在显著性差异（$P<0.05$）。在接菌后 24d，肉桂酸处理组的发病率平均达到 85%，而对照组为 70%，在整个调查阶段内，两个对照组之间没有显著差异。

对病情指数进行统计分析（图 1-5b），肉桂酸处理组的番茄青枯病病情指数在整个调查阶段内都要高于对照组，同样在接菌 10～16d，75μg/g 肉桂酸处理组的病情指数要显著高于对照，两者之间存在显著性差异（$P<0.05$）。在接菌后 24d，肉桂酸处理组的病情指数平均达到 82，而对照组为 65，在整个调查阶段内，两个对照之间没有显著性差异。

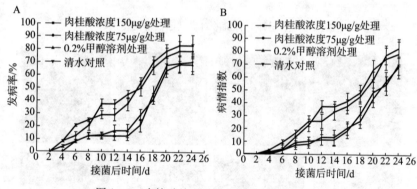

图 1-5　肉桂酸处理对番茄青枯病发生的影响

以上结果表明，根系分泌物肉桂酸可以促进青枯雷尔氏菌的运动与趋化活性，促进青枯菌在寄主根部的定殖，加速青枯病的发生，是茄科作物青枯病发生的重要化学生态因子。

二、土壤 pH 影响连作病害的发生

酸化是土壤质量退化的重要标志之一。当前，土壤酸化已经是我

国蔬菜生产过程中的突出问题，已严重影响微生物种群平衡、土壤养分活化、根系发育以及植物健康，直接造成根茎病害的发生和蔬菜严重减产。在蔬菜种植过程中，随着化肥长期过量投入和单一连作，酸化的趋势与程度在逐年递增，尤其在南方地区。然而土壤酸化与青枯病的发生是否存在关系，还有待解释。李石力等于 2011—2014 年连续 4 年系统评价了重庆茄科作物青枯病发生与土壤 pH 之间的关系（图 1-6）。青枯病发生严重的田块土壤 pH 较低，主要分布在 5.0～5.5；无青枯病发生的土壤 pH 较高，主要在 5.5 以上。

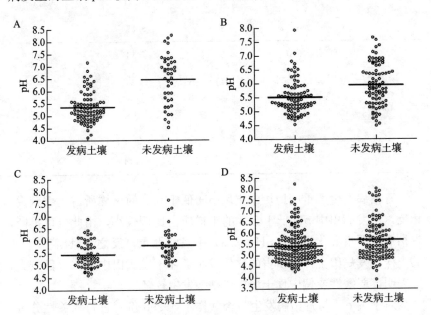

图 1-6   2011—2014 年青枯病不同程度发病土样 pH 的散点分布图

注：A 为 2011 年青枯病不同程度发病土样 pH 的散点分布，B 为 2012 年的，C 为 2013 年的，D 为 2014 年的。

对不同土样的 pH 频数进行分析，结果见表 1-4。青枯病发生严重的地块，其土壤 pH 小于 5.0 的土样百分比为 28.57%，有 42.86% 土样的 pH 在 5.0～5.5，pH 小于 5.5 的土样累积百分比为 71.43%；不发生青枯病的土壤 pH 低于 5.5 的仅占 21.43%，pH5.5 以上的累积百分比为 78.57%。

表 1-4　青枯病不同程度发病土样的 pH 频数分析

青枯病发生程度	土样 pH	样本数/份	占样本总数的百分比	累积百分比
严重发病田	<5.0	24	28.57	28.57
	5.0~<5.5	36	42.86	71.43
	5.5~<6.0	12	14.29	85.71
	6.0~6.5	9	10.71	96.43
	>6.5	3	3.57	100
无病田	<5.0	3	7.14	7.14
	5.0~<5.5	6	14.29	21.43
	5.5~<6.0	6	14.29	35.72
	6.0~6.5	3	7.14	42.86
	>6.5	24	57.14	100

　　青枯病发生严重的地块中土壤 pH 低于 5.5 的土样所占比例较大，相反，不发病田中 pH 低于 5.5 的土样所占比例较小，由此可以推断，青枯病在严重酸化土壤（pH<5.5）中发病严重。反之，pH 高于 5.5 的土样在发病田土样中所占的比例较小，在不发病田中所占比例较大，这表明，弱酸性或偏中性土壤中青枯病发生较轻。

　　对土壤 pH 与青枯病发生与否（样本数 298 份）进行相关性分析，发现土壤 pH 与青枯病发生与否呈负相关，相关系数为 -0.430，中度相关，达到 0.01 的显著水平。

　　土壤酸化程度对根际微生物群落结构会产生显著的影响（图 1-7）。土壤 pH 在 4.4~5.5 时，有利于青枯菌增殖，抑制蜡样芽孢杆菌等有益菌的生长，即增加雷尔氏菌属 *Ralstonia* 的相对丰度，降低芽孢杆菌属 *Bacillus*、类芽孢杆菌属 *Paenibacillus* 等有益菌群的相对丰度，加剧青枯病的发生。土壤 pH 超过 5.5 时，芽孢杆菌属、类芽孢杆菌属等有益菌群成为主导菌群，蜡样芽孢杆菌等有益菌能够稳定增殖，抑制青枯病发生。

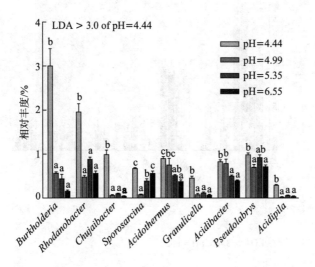

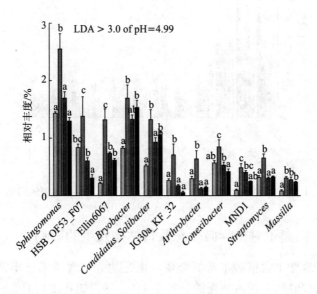

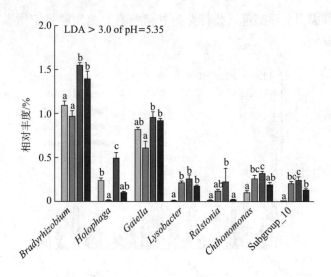

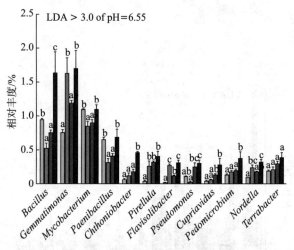

图 1-7　不同 pH 条件对土壤微生物主导菌群相对丰度的影响

三、铝离子对根际微生态及青枯病发生的影响

铝是地球上含量最丰富的金属，也是地壳中含量第三丰富的元素（仅次于氧和硅），约占地壳重量的 8.1%。尽管铝在植物的生命周期中

普遍存在，但并没有特定的生物学功能。由于铝主要以矿物（铝硅酸盐和氧化铝）的形式存在，因此土壤中的有机体通常不会受铝的影响；然而，在土壤 pH＜5.5 时，活性的铝离子会溶解释放，对植物的生长造成影响。也就是说，土壤酸化越严重，土壤中的铝离子释放得越多，对栽培植物的伤害就越大。

张淑婷等（2022）为深入明确铝离子对青枯菌生长的影响，在室内液体培养条件下探究了铝离子对青枯菌生物特性及根际微生物菌群的影响。

（一）铝离子对青枯菌生物特性的影响

在 48h 的培养时间内，随着铝离子浓度的增加，青枯菌适应期的时间增加，进入对数期的时间延迟（图1-8A）；4.5mmol/L 硫酸钠处理对青枯菌生长的影响与清水对照相比，无显著差异，且 1.2mmol/L

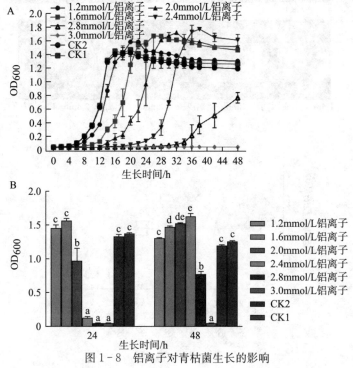

图1-8　铝离子对青枯菌生长的影响

注：CK2 表示 4.5 mmol/L Na_2SO_4，CK1 表示清水对照，余同。

铝离子对青枯菌的生长无显著影响，1.6～2.4mmol/L铝离子处理组在48h时600nm处的吸光度（OD_{600}）值显著高于对照组，说明1.6～2.4mmol/L铝离子处理显著增加了青枯菌的生物量，促进了青枯菌的生长。当铝离子浓度大于2.8mmol/L时，可显著抑制青枯菌的生长（图1-8B）。

（二）铝离子对青枯菌运动性的影响

与对照相比，0.6～1.4mmol/L铝离子可促进青枯菌的运动性（图1-9A/彩图3），其中1.2～1.4mmol/L铝离子显著促进了青枯菌的

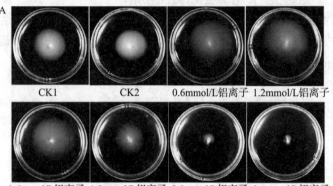

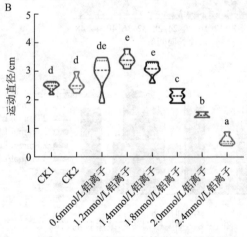

图1-9 铝离子对青枯菌运动性的影响

运动性，相较于对照组 1，1.2、1.4mmol/L 铝离子处理组青枯菌的运动直径分别显著增加了 0.94cm 和 0.59cm；相较于对照组 2，1.2、1.4mmol/L 铝离子处理组青枯菌的运动直径分别显著增加了 0.86cm 和 0.51cm。当铝离子浓度大于 1.8mmol/L 时，青枯菌的运动性显著下降，说明低浓度铝离子可促进青枯菌的运动，而高浓度铝离子则会抑制青枯菌的运动（图 1-9B）。

（三）铝离子对青枯菌生物特性相关基因表达的影响

1.2mmol/L 铝离子对青枯菌生物膜形成基因的影响相较于对照组无显著差异，2.4mmol/L 铝离子处理中青枯菌生物膜形成基因的相对表达量是对照 1 的 1.46 倍，是对照 2 的 1.73 倍（图 1-10A）。1.2mmol/L 铝离子可显著提升青枯菌运动性相关基因 *fliA*（图 1-10B）和 *flhC*（图 1-10C）的相对表达量，1.8mmol/L 铝离子可显著降低青枯菌运动性相关基因的相对表达量；1.2mmol/L 铝离子处理中 *fliA* 基因的相对表达量是对照 1 的 1.66 倍，是对照 2 的 1.55 倍，是 1.8mmol/L 铝离子处理的 2.84 倍。

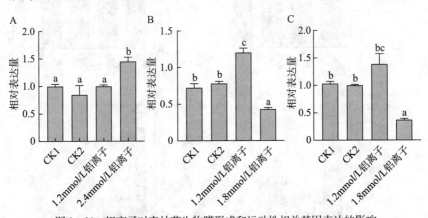

图 1-10　铝离子对青枯菌生物膜形成和运动性相关基因表达的影响

注：A 是铝离子对青枯菌生物膜形成基因 *LecM* 相对表达量的影响；B、C 分别是对运动性相关基因 *fliA*、*flhC* 的影响；CK1 表示清水对照，CK2 表示 3.6mmol/L Na_2SO_4 处理。

（四）长期铝胁迫对根际微生物的影响

当土壤 pH<5.5 时，土壤中的活性铝离子开始释放；当土壤 pH<

5.0时，土壤中的活性铝离子会大量释放。前期研究发现，长期高铝胁迫后，生姜根际促生菌的含量会显著增加，从而缓解生姜青枯病的发生。因此，西南大学根际微生态过程与调控研究团队在前期探究了pH对青枯病发生时根际微生态影响的基础上，深入探究了长期铝胁迫对根际微生物群落组成以及对青枯病发生的影响。研究结果表明（图1-11），中铝（MAl）浓度胁迫条件下，青枯病的发生程度最高，而高铝（HAl）浓度胁迫后，青枯病的发病率下降。不同铝胁迫处理中根际微生物的群落组成存在显著差异，且中铝浓度胁迫下，芽孢杆菌属和类芽孢杆菌属的相对丰度显著降低，说明青枯病的发生与根际有益微生物的丰度之间存在密切联系。

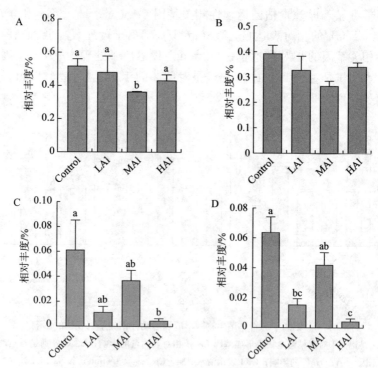

图1-11　不同铝离子浓度处理下生姜根际土壤中芽孢杆菌属（A）、类芽孢杆菌属（B）、假单胞菌属（C）和黄杆菌属（D）的相对丰度

注：LAl表示低铝浓度，MAl表示中铝浓度，HAl表示高铝浓度，Control表示对照。

四、土壤中矿质营养元素含量与连作病害发生的关系

对蔬菜根茎病害的发生与土壤中矿质营养元素之间的关系进行分析，找到了影响生物屏障功能与根茎病害发生的关键中微量元素，明确了交换性钙、交换性镁、有效硼、有效钼是青枯病发生的关键因子；有效铜与有效锌含量偏低与根腐病发生密切相关；有机质、有效铜含量偏低与黑胫病发生密切相关（表1-5）。

表1-5 青枯病/黑胫病/根腐病发生与土壤中矿质元素关系

土壤样品		pH	有效硼含量/ (mg/kg)	交换性钙含量/ (g/kg)	交换性镁含量/ (mg/kg)	有效钼含量/ (g/kg)
青枯病	发病土	5.32±0.06	0.48±0.18	2.40±0.89	243.12±57.52	0.19±0.05
	健康土	6.34±0.12*	0.20±0.08**	1.35±0.40**	335.61±90.35**	0.10±0.04**

土壤样品		pH	全钾含量/ (g/kg)	有效铜含量/ (mg/kg)	有效锌含量/ (mg/kg)	有效铁含量/ (mg/kg)
黑胫病	发病土	7.7±0.03	16.52±2.23	1.71±0.13*	2.18±0.16	1.19±0.32
	健康土	7.8±0.07	18.29±2.51	0.65±0.09	2.79±0.18	1.45±0.29

土壤样品		pH	全钾含量/ (g/kg)	有效铜含量/ (mg/kg)	有效锌含量/ (mg/kg)	有效铁含量/ (mg/kg)
根腐病	发病土	6.4±0.1	16.65±0.05	0.32±0.03	0.26±0.02	0.17±0.01
	健康土	6.5±0.1	20.25±0.15	2.35±0.03*	2.58±0.03*	8.09±0.04*

注：*表示发病土与健康土之间差异显著（$P<0.05$），**表示差异极显著（$P<0.01$）。

针对青枯病的发生，通过多点土壤样本分析，比较健康土壤与发病土壤的情况，发现健康土壤的pH、交换性钙含量、有效硼含量、有效钼含量等指标均比发病土壤高；说明土壤有效钼含量、交换性钙含量、有效硼含量、有机质含量偏低有利于青枯病的发生。室内盆栽验证，以叶面喷雾方式增施钙、硼、镁、钼4种矿质元素对辣椒青枯病均有一定的控病效果，其中钼处理效果最好，其次为钙处理，两者对

辣椒青枯病的发生具有一定的推迟、延缓发病的作用。

　　针对榨菜根肿病，在涪陵区榨菜根肿病发生严重的 5 个乡（镇），西南大学研究团队采集病株和健康植株根际土壤样本各 30 份进行分析，发现健康植株根际土壤的有效磷、全钾含量显著高于发病植株根际土壤，分别高出了 51.85、1 122.03mg/kg，有效磷、全钾养分含量显著降低。健康土壤中荧光素二乙酸酯（FDA）水解酶活性为每 20 分钟 105.819 3μg/g，显著高于发病土壤，说明健康土壤中的微生物群落能显著增强土壤中 FDA 水解酶活性（刘烈花，2021）。

根际微生态与连作病害

第一节　根际微生态的概念

一、植物根际的概念

　　根际是指受植物根系活动影响，在物理、化学和生物学性质上不同于土体的那部分微域环境。此区域一般是指距根系表面 $1\sim2mm$，土壤异质性小，微生物分布较为规律，土壤—根系—微生物相互作用的区域，是由不同种类或品种植物、土壤和环境条件形成的特定微生态系统。

　　根际是作物与土壤直接接触与作用的特殊区域，植物通过根系从该区域的土壤中吸收所需营养元素，作物也通过根系分泌一些物质作用于该区域的土壤环境。近年来，越来越多的学者对"根际"这一特殊区域进行相关研究，提出从根际微生态角度入手进行综合研究是破解连作障碍这一问题的关键。连作引起的土壤理化性状改变以及土壤中长期存留的作物根系分泌物和残茬均可导致土壤微生态的变化，影响作物正常的生长和病害发生，因此，要破解这一问题，根际的基本特性及生物与环境之间的相互关系研究就显得十分重要。

　　考虑到土壤环境复杂的理化性质、生物学特性、异质性程度、土壤质地、取样地域特点、季节变化、物种多样性、植物覆盖率等因素，根际土壤的取样至少需要重复 3 次。由于植物根际范围较小，在进行蔬菜根际生物和土壤取样时，一般连根拔出（或者挖出），抖掉根系上附着的大块土壤，根系上附着的剩下的土壤即为植物根际土壤。

二、根系分泌物

根系是植物最为重要的器官，是植物进行生命活动的基础。根系可以固着植物，保持植物器官的完整性，而且是重要的吸收和代谢器官，从生长介质中摄取养分和水分，满足植物生长发育的基础需要；在生长过程中不断地向生长介质中排泄和分泌质子、离子和大量的有机物质，即根系分泌物。植物的根系分泌物种类繁多，已鉴定出的种类有 200 多种，包括大分子的有机物，如糖、蛋白质、凝胶等；小分子的有机物质，如有机酸、酚类物质、黄酮类物质等；还有气体、质子和养分离子等。根系分泌物种类多，而且数量可观，一般植物一生中可排泄约占植物生物量 70% 的根系分泌物进入根际环境中，从而形成由根系分泌物主导的根际生态环境。根系分泌物对植物的影响具有双面性，既可招募有益微生物，促进植物生长，也可累积有害物质，阻碍植物根系发育和养分吸收并加剧病害发生。主要功能表现在以下几个方面。

（一）影响植物对矿质营养元素的吸收

根系分泌物中某些有机酸（如柠檬酸、酒石酸等）是良好的金属活化剂，在根际难溶性养分的活化和吸收等方面具有积极作用。在植物根际土壤中，根系分泌物通过酸化、螯合、离子交换或还原等途径，将难溶性物质转化为可被植物吸收利用的有效养分，从而提高根际土壤养分的有效性，进而促进植物的生长发育。

（二）对植物重金属毒害的缓解作用

根系分泌物对重金属胁迫的调节主要表现在：①提高根际土壤pH；②改变根际土壤氧化还原状态；③吸附或螯合重金属。

（三）对邻近植物的化感作用

植物根系分泌物能抑制其他植物的生长。

（四）对土壤理化特性的影响

在植物的生长发育过程中，根系分泌物不仅能够影响土壤中养分的有效性、重金属的吸收与转运，而且还可以改变根际土壤的理化特性。

（五）对根际微生物种群结构的影响

根系分泌物中丰富的糖类、氨基酸、维生素等物质，为植物根际微生物的生长和繁殖提供了充足的营养，同时也影响着土壤微生物的种类、数量及其在植物根际的分布，而且作用很大。根系分泌物是保持根际微生态系统活力的关键因素，也是根际物质循环的重要组成部分。根系分泌物显著改变了根—土界面的物理、化学、生物学性状，因而对土壤中各种养分的生物有效性有着重要影响。影响根系分泌物的因素主要有环境胁迫、根际微生物、植物种类等。

（六）影响连作植物土传病害的发生

根系分泌物中的一些物质可以吸引病原菌向根部聚集，加重病害的发生，如肉桂酸等可吸引青枯病菌向茄科作物根部聚集。一些根系分泌物会抑制有益微生物，如四羟基苯甲酸、香草醛等可降低芽孢杆菌属、链霉菌属等有益细菌的数量，使根际生态平衡失衡；一些根系分泌物（如邻苯二甲酸酯、苯甲酸等），会损伤植物根细胞结构和功能，减弱植物根系活力，降低植物抗性。

三、根际微生物

根际微生物是指生活在根系表面及根际土壤中的微生物的统称。根际微生物的种类主要有细菌、真菌、病毒等，这些微生物可以分为病原菌群、根际促生细菌群、木霉属真菌、根瘤菌、丛枝菌根真菌、中性微生物等。其中，细菌占比最大，可占到70%～90%，主要有黏细菌、蓝细菌、放线菌等；而真菌则是土壤中生物量较大的群体，多属于丝孢纲和接合菌纲，大约有700个种类。这些微生物与植物病害的发生、营养的吸收、对病原菌的抗性、抗盐、抗干旱胁迫等存在重大的关系。

植物根际土壤中微生物的数量比非根际土壤中多几倍至几十倍甚至更多，但从非根际土壤到根际土壤，细菌群落的多样性呈下降趋势。植物根际土壤和非根际土壤中微生物群落结构的差异，很大程度上归因于植物对不同种类微生物的强烈选择或抑制作用。非根际土壤中的寡营养型细菌如酸杆菌门 Acidobacteria 在数量上占绝对优势，而植物根际土壤中的微生物群落种类以生长速度更快的富营养型细菌为主，如变形菌门 Proteobacteria、拟杆菌门 Bacteriodetes、厚壁菌门 Firmicutes、放线菌门 Actinobacteria 等，它们可以释放并帮助根系吸收植物可利用的钾、磷和其他微量营养元素。

植物根际微生物群落的装配是由微生物、植物宿主和环境之间复杂的相互作用所控制的，根际微生物群落处于动态波动中，相互发生作用，从而构成了复杂的根际微生物网络。这个微生物网络中的微生物结构会随着种植年限的增加发生显著的变化。吴凤芝等（2007）采用 Bioiog 法和随机扩增多态性 DNA（RAPD）法研究了设施黄瓜种植年限及栽培方式对微生物群落多样性的影响，结果表明，连作土壤的微生物群落多样性随着黄瓜种植年限的增加而发生显著变化，在连作 7 年时会下降到低谷，但随着连作年限的增加又能够回升（表 2 - 1）。

表 2 - 1　连作土壤微生物群落的变化情况

土壤样本	香浓指数（Bioiog 法）	香浓指数（RAPD 法）
露地土壤（基础土壤）	3.27±0.11	1.50±0.09
设施连作土壤（3 年）	2.36±0.18	1.22±0.12
设施连作土壤（7 年）	1.75±0.23	0.86±0.07
设施连作土壤（15 年）	2.71±0.12	1.33±0.08
设施连作土壤（18 年）	3.43±0.15	1.42±0.07
设施连作土壤（21 年）	2.65±0.22	1.26±0.11

资料来源：吴凤芝，2007。

微生物组学是指研究动植物体上共生或病理的微生物生态群体。微生物组包括细菌、古细菌、原生动物、真菌、病毒。植物的根际、叶际和植物体内的微生物都是以成组的方式存在的，这些微生物的组成相对稳定，在宿主的免疫、代谢和激素等方面起着重要作用。近期的研究表明，微生物组的结构和功能与植物的抗病性以及一些土传病害的发生关系密切。

四、根际效应

由于植物根系的细胞、组织脱落物和根系分泌物为根际微生物提供了丰富的营养和能量，因此，在植物根际土壤中的微生物数量和活性常高于非根际土壤，这种现象称为根际效应。根际效应产生的主要原因是根系能量的释放。

根际效应可以通过根际微生物的数量反映出来。由于根际土壤微生物的数量一般高于非根际土壤，因此根际效应通常用根土比（R/S ratio）来评价，R 为根际系统中微生物的数量，S 为非根际土壤中微生物的数量，R/S 值越大，根际效应越明显。当然 R/S 值总大于1，一般在5～50，高者可达100。土壤类型对 R/S 值有很大影响，有机质含量少的贫瘠土壤，R/S 值更大；植物生长势旺盛，也会使 R/S 值增大；不同类群微生物的 R/S 值差异更大，有些微生物种群的 R/S 值超过1 000。

赵辉等（2010）对河南不同类型土壤根际和非根际土壤微生物数量进行研究，结果表明，不同类型土壤中，其根际土壤微生物数量均大于非根际土壤，并且根际和非根际土壤中的细菌数量远大于真菌和放线菌。细菌不仅种类繁多，而且作用也极其重要，大多数是土壤中的腐生者，在土壤有机质的分解过程中起着巨大的作用。土壤真菌是异养型微生物，多数能利用无机氮，也有部分既能利用有机氮又能利用无机氮，是土壤中植物残体的主要分解者，并能形成一定量的腐殖质，改善土壤物理状态。放线菌类群是进行异养活动的微生物，对有机质具有较强的分解能力，其中相当多的种类可分解木质素、单宁等一般微生物难以分解的腐殖质，并产生多种抗生素类物质。

不同类型土壤对根际和非根际土壤微生物类群影响的研究结果表明，不同类型土壤中，解钾菌、解磷菌、好气性自生固氮菌、氨化细菌、芽孢杆菌数量均为根际土壤大于非根际土壤。5 种类型土壤在根际土壤解磷菌、好气性自生固氮菌和芽孢杆菌数量上均有显著差异。解磷菌可以分解磷矿石和骨粉，并对磷素有固定与释放作用，可溶性磷酸盐进入细菌后被固定，当细菌死亡后，又重新释放并被植物吸收利用，解磷菌的存在有利于土壤中磷元素的转化和吸收利用。土壤中的好气性自生固氮菌对土壤中氮素的补充和平衡有重大的作用，自生固氮菌具有固定大气中的氮、增加土壤供应氮素能力的作用，其数量的多少也可以作为评价土壤肥力的指标之一。氨化细菌可直接分解土壤中的含氮有机物质（如氨基酸、蛋白质），此外还可分解核酸及含硫化合物，通过氧化、水解、还原作用释放出氨，可直接影响到土壤的氨化强度，氨可进入谷氨酸，之后氨基转移，再形成其他种类的氨基酸（康业斌等，2021）。

五、根际微生态系统

根际微生物群落、植物根系、根际土壤及根际微环境（温、湿、水、光、气等）相互依存、相互作用，构成了一个复杂的系统，被称为根际微生态系统。微生态平衡是植物根际生境内生命体健康的基本前提，而营养条件、气候、化学品和特殊的生物等多种因素都可能影响微生态的平衡。植物因为微生态改变而发生病害也可理解为植物周围的微生态系统失去了平衡。例如，细菌性青枯病的发生是青枯病菌突破了植物的各层屏障，使植物周围微生态系统失衡，最终实现了对寄主植物的入侵、定殖与增殖。

研究根际微生态系统结构、功能和演替规律的科学被称为根际微生态学。有别于研究植物与环境、光热气象条件、栽培措施等相互关系的宏观生态学，植物根际微生态学聚焦植物主导下的根际环境，其研究内容广泛而复杂，主要包括根际微生物组成种类、优势种群及其作用，系统内外的能量流动、物质循环和信息传递，植物根系的遗传特性及吸收水肥的能力，根系分泌物的种类及其作用，根际土壤的物理化学性质，根际微生物的变化动态及其对系统生物成分的影响，微生态系统的调控和优化等。

根际微生物群落和植物根系作为根际微生态系统中有生命的组成部分，与任何一个生命系统一样，其研究层次涵盖了能源层、转化层、交换层和沉积层。在这些复杂的层次中，以植物为核心，植物从基因、细胞、器官、个体、种群到群落与土壤和环境之间建立了复杂生态系统（图2-1），这个生态体系中每一个层次都相关联系、互为依存，任何一个层次的问题，都关乎系统的整体稳定，由此导致植物体的疾病，并上升至植物群体的健康。根际微生态理论的特点是以根际为中心，以根际微生态系统为研究对象，以植物—土壤—微生物及其与环境的相互关系为研究主线，以根际微生态系统的调控为手段，以维护植物健康、提高作物生产力、发展可持续农业为最终目标。近10年来，应用根际微生态学的理论指导生产实践已经有了许多成功的事例，成为推动我国农业可持续发展的重要基础支撑理论。

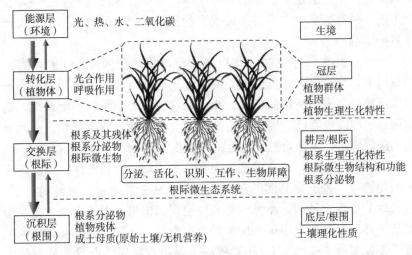

图 2-1　根际微生态系统的层次性

注：仿张福锁等，1999。

第二节　根际微生态与蔬菜健康

一、根际微生态影响着蔬菜健康

蔬菜种植是我国种植业的重要组成部分，其栽培规律与任何作物的种植规律一样——在各种要素的协同作用下，保障蔬菜种子基因潜力的充分发挥，实现优质高产和安全高效。但受蔬菜栽培技术、栽培习惯、可种植面积的限制，重茬连作情况十分普遍，而重茬连作所带来的土壤质量下降和病原菌积累问题十分严重，特别是一些侵染性病害（如苗床或育苗期的立枯病、猝倒病、根腐病等）及随土壤传播的一些生长期病害（如青枯病、根结线虫病等），在一些地方均有严重发生。同时，连作或重茬作物的残留物上所带的病原微生物（如病毒病、赤星病、空茎病等）对于来年的栽培也有重要影响。此外，土壤也是一些害虫生存的重要空间，地老虎、金针虫、蝼蛄这三大类地下害虫，大部分时间生活在土壤环境中，对作物的根系健康和正常生长也造成很大威胁。土壤也是丰富的杂草种子库，杂草的生长离不开土壤，土壤生态条件对杂草萌发有着至关重要的作用，同时也对杂草的生长产生各种影响。

土传病虫害所导致的作物损失十分严重，据估计，一般可减产20％以上，严重田块甚至绝收。由于对土传病害认识不足，农民一般在田间植株表现出严重的枯萎、死苗症状时才想到防治，而此时，病原菌、病原线虫等已经侵染到植株组织使其致病，即将死亡，这时采取的防治措施，大多无法产生良好的效果。

"肥土养好苗"，蔬菜种植需要良好的土壤和水肥条件。因此，维护植物健康，种出高品质的蔬菜，必须先从土壤入手。再好的种子，没有好的土壤来种植，品种优势照样表现不出来。土壤本来就是一个复杂的环境，再加上中国土壤问题十分复杂，土壤调理绝非简单的工程，不仅要改良土壤 pH，还要提高土壤中有机质的含量。从根源上来说，造成目前土壤板结、次生盐渍化、酸化等问题的原因，主要是"一炮轰"式施肥、随意撒施、过量施肥以及对化肥的依赖性和忽视有机肥的施用等不当的施肥习惯。因此，调理土壤刻不容缓。土壤调理好了，有机质含量提高，化肥利用率提升，才能保障土壤的基本健康。

土壤微生物对维持土壤系统的稳定性和受损土壤系统的恢复有重要作用，与土壤系统健康紧密相关。在现代农业种植体系中，施肥、管理措施不合理，土壤微生物多样性降低，土壤微生物群落结构和功能被破坏，均会导致土传病害的暴发。改进农业土壤管理措施能提高土壤微生物群落多样性和功能多样性，是控制土传病害发生的一条有效途径。荷兰最近的一项研究指出，土壤中的微生物扮演着类似益生菌或免疫系统的角色，对于防治病虫害有很重要的功效，当土壤已经有了自然微生物所带来的平衡能力和抗御活性时，合成杀虫剂和除草剂的使用只能是一个辅助作用。在对某些病原体具有抵抗性的甜菜、辣椒、茄子等地块进行土壤取样分析时，研究人员观察到，土壤中其实含有各种天然的功能性微生物，而这些微生物可以联合抵御病原体对寄主植物的侵染。然而，在土壤中，除了已经被证实有助于抑制或消除作物疾病的抗病原体微生物之外，也有许多具有抵抗作用和保护功效的微生物未被挖掘出来，由此可以推论，土壤抑制或者抵抗病原体的功能，并非单一的某种有益微生物的作用，而更可能是由于土壤微生物群落的协同作用。

根际土壤微生物群落结构及代谢产物在改善植物营养、控制病虫草害、消除污染、刺激和调控蔬菜生长、提高品质等方面都有着十分重要的作用。有害菌数量增多不仅导致土壤性质恶化，还使土壤微生物群落从细菌型转变为真菌型，进而引起地力衰竭。前人研究表明，土壤微生物群落失衡是导致药用植物连作障碍的重要原因，而根系分泌物的化感作用直接或间接影响土壤微生物群落结构。

蔬菜连作障碍的根本原因是栽培蔬菜根际微生态平衡的失调。根际土壤微生物的结构与功能的多样性对土壤养分循环、土传病害控制、土壤结构稳定等具有非常重要的影响。然而，连作蔬菜生产中长期种植单一作物，根际微生物的多样性降低，比例失衡，从而影响蔬菜的生长发育，导致连作障碍和病害发生。

二、微生态影响蔬菜健康的机制

根际微生态机制的核心是微生物与微生物之间以及微生物与植物之间的相关关系，而这些生物之间的复杂关系是靠信号传导来维护的。目前，根际环境的信号转导研究主要分为两个部分，一是植物与微生物之间的信号转导，二是微生物与微生物之间的信号转导。

植物在生长发育过程中会招募一些有益微生物群来协助应对病原体的侵害、盐分的吸收、营养元素的获取等，植物根系表面会分泌一些物质（主要有糖类、氨基酸、蛋白质、生长因子等），为微生物提供碳源与氮源，从而达到在根系周围招募有益微生物群的目的，而这些小分子物质就扮演着信号分子的角色。例如，拟南芥在受到植物霜霉病病原菌的侵染时，会在根际周围特异性地富集一些抗病害和促生的微生物；豆科植物会在根系富集根瘤菌来协助根系对土壤氮元素的吸收。

连作体系中土传病原的致病过程主要包括引入（土体至根际）、定殖（根际至根表）、侵染（根表至根内）3 个阶段，连作体系中的根系分泌物可能在土传病原入侵植物的各阶段均发挥作用。游川等（2024）认为每个阶段加剧土传病原入侵的根系分泌物按功能可分为三类。

一是利病，有利于土传病原在土壤中的存活及其由土体向根际的迁移和增殖。

二是压益，破坏根际有益微生物群落。

三是自毒，毒害根系防御系统。

微生物对植物的信号传导主要有识别与启动植物的系统获得性抗性和系统诱导性抗性、免疫抑制，影响植物基因表达、激素平衡、生长发育以及胁迫应答等。有研究发现，一种根瘤菌可以显著促进油菜对氮、磷、锌的吸收，并且植物根瘤组织中生长素的含量提高 5～10 倍，脱落酸含量降低 90％左右；丛枝菌根可以通过改善寄主植物甜瓜抗氧化酶的系统活性，加速二氧化碳同化物质的双向传输和提高光合能力，使甜瓜的抗旱性得以提高。

因此，解决蔬菜健康栽培问题、实现化肥农药少投入、产品质量安全高效的关键是关注土壤、关注土壤微生物、关注土壤微生态，只有在调控微生态、优化根际环境、保障蔬菜的基础健康上进行技术创新和生产改进，才能从根本上实现蔬菜的经济效益和生态效益的协调发展，实现在蔬菜产区的持续稳定高效生产。

第三节　根际微生态调控

一、微生态调控的概念

微生态调控是指在植物微生态基本原理指导下，采用一系列手段和方法优化微生态环境，达到保护植物健康、抑制疾病发生的一种技术，通过调节、控制微生态环境，使正常微生物菌群与病原物之间的比例趋向平衡，从而控制植物病害的发生和发展。广义的微生态调控还包括在根际土壤中增施有机肥、实施熏蒸或者局部熏蒸等对根际环境进行调控的措施，以及叶面喷施微量元素和营养液等。这些调控措施的主要目的是提高寄主植物的适应性，减少植物病害的发生。

微生态调控是植物病害防控的新策略和新方法，是微生态学在植物病害防控实践中的具体应用。在实施过程中，可通过调节寄主本身的内环境、寄主与微生物的相互关系、微生物种群之间的相互关系等，实现寄主体内和周围环境两个方面的微生态平衡关系，以达到控制病害，获得最佳的经济、社会和生态效益。

植物病害的产生与微生态关系密切，植物患病原因虽然是病原物的侵染，但能不能侵染，能不能到达发病，能不能造成损失，最终还要看微生态是不是失衡。因此，对植物病害的防控要考虑微生态失衡的原因，然后进行微生态调控，以达到从根本上控制病害的目的。因此，微生态调控将成为控制连作蔬菜病害的基本手段和重要方法。

二、微生态调控的基本方针

植物微生态系统是植物健康的基础支撑系统，调控微生态的根本目的是安全、经济、高效地控制植物病害。对于蔬菜连作病害来说，采用微生态调控是重要的技术创新，也是行之有效的方案。采用微生态调控技术的基本方针仍然是贯彻落实"预防为主，综合调控"的植保方针，只是预防的含义有一定的区别。这里的预防重点，要强调对植物整体健康的保护，对土壤中各种不平衡因子的优化和重构。这就要求在蔬菜栽培管理的全过程中都要贯彻保健栽培措施，通过激发有益微生物的增殖来增强植物自身对有害微生物的抗性。在充分发挥自然调控作用的基础上，综合协调应用生物、栽培、物理、化学等措施调控植物的微生态系统，使有益微生物成为微生物群落内的优势种群，而有害微生物被控制在一个低的允许水平，寄主植物处于健壮生长、抗逆性最佳的状态，以获得高的产量、优良的品质，从而得到最佳的经济和社会效益以及良好的生态效应（康业斌，2019）。

以根际微生态调控为核心，构建土壤酸碱平衡、营养平衡、微生态平衡、病原体与寄主互作平衡的"四个平衡"。通过早期监测预警、种植抗病品种、无病健康种苗及加强栽培管理的预防措施，形成病原鉴定清晰、传播途径阻断有力、微生态平衡稳定、生物屏障强大有效的防控体系。重点推进土壤调酸和有机肥增施，育苗基质拌菌和有机肥拌菌，微量元素补充和必要的抗性诱导等技术措施的有效实施，将病害控制在引起明显经济损失前（丁伟，2020）。

三、微生态调控的原理

（一）微生态失衡过程

植物病害发生的基本要素有寄主、病原物、正常微生物群和微环境。在正常的植物体上，病原物的种类和数量被控制在一定水平上，不引起发病；一旦其他因素改变，病原物种类和数量增加到一定程度便导致发病，即微生态失调。大连医学院康白教授认为："微生态失调是正常微生物群之间和正常微生物群与其宿主之间的微生态平衡，在外界环境影响下，由生理性组合转变为病理性组合的状态"。这一概念包括了微生物与微生物之间、微生物与宿主之间及与外环境之间相互作用的动态变化过程，其中，研究最多的是菌群失调。菌群失调是指在一定微环境中，正常菌群发生的定性或定量改变，主要是指量的变化，亦即正常菌群与病原物之间比例的变化。按其失调程度，可以将微生态失调分为三种类型。

第一种一度失调：在外环境因子作用下，微生态平衡受到影响，病原体的数量有一定程度上升；而一旦外环境影响消除，这种平衡又得以恢复，呈现一种可逆变化。

第二种二度失调：外环境因子持续作用，菌群比例改变甚大；一旦去除外因，尚不能恢复到平衡状态，呈现不可逆变化。

第三种三度失调：在外环境因子作用下，病原体的数量占绝对优势，正常微生物群大部分被抑制，正常的生理变化被病理变化替代，更难恢复其平衡状态。植物病害的发生亦是这样一种变化过程。

三种失调情况可以随着环境变化而逐渐加重。例如，在使用苯并咪唑类杀菌剂防治苗床病害灰霉病时，不仅防效不明显而且随着施药次数的增加，病害日益严重，主要原因是化学药剂抑制了一部分正常的微生物，使得灰霉病菌的数量大幅增加。这一类病害被称为"医源性病害"。草莓根霉病、柑梢黑腐病、梨果毛霉病、烟草灰霉病都属于医源性病害。

（二）四个平衡原理

微生态平衡是多种平衡的综合体，要想实现系统平衡，就要考虑根系土壤 pH 状况、根系营养状况、根系微生物状况等。为此，微生态调控应考虑 4 个方面的平衡：调节土壤 pH，避免土壤酸化；早期增施益生菌剂，促进微生物之间的平衡；补充中微量元素，平衡所需营养；应用诱抗物质，增强栽培植物的抵抗力。

（三）生物屏障原理

微生物群有序地定殖于植物体表面或细胞之间，形成生物屏障，构成生物屏障的关键微生物需要达到一定的丰度才能行使功能。当病原微生物与屏障微生物比例失调时，病原微生物就会对屏障产生冲击作用。在青枯病突破的 3 层植物防御屏障中，生物屏障是变化最大的一层屏障，也是最有可能实现调控的一层屏障。因为，就植物物理屏障和化学屏障的构建来说，人们可以做的工作有限，但通过环境优化、有益菌添加以及有机物质的增施就能够帮助植物构筑起强大的生物屏障。

土壤被认为是明显受微生物影响的活体系，土壤微生物的群落组成及其与栽培植物的关系，形成了重要的生物屏障，显著影响着根茎病害的发生；构建强大的生物屏障，形成健康的根际微生态，是根茎病害绿色防控的重要手段。构建生物屏障防治植物病害的基本原理为保护有益微生物、增加有益微生物、协调有益微生物、抑制有害微生物。

就根部环境，丁伟等提出了根围、根际、根内 3 种生物屏障的理论。根围环境是指栽培植物根部生存的环境，实际上包括了根系辐射的范围，根围生物屏障构建的关键是土壤微生物的丰度和有益微生物的相对比例要到达一定的水平，而根际生物屏障是指根表面 2～3mm 内有益微生物的构建，根内生物屏障则是指植株内生菌要有一定的保障。根围、根际、根内微生物群体构成了第一、第二、第三层生物屏障，分层阻遏病原菌的定殖侵染，实现根茎病害有效控制，这是生物屏障理论在根茎病害防控中应用的一个案例。

从图2-2和图2-3可以看出，病原物要想实现对寄主植物的侵染，必须突破3层防御屏障，首先是植物的物理屏障，突破土壤环境、植物根表皮等；然后要突破由根围、根际环境中大量有益微生物所构筑的生物屏障，到达植物体内；在植物体内，不仅要突破由活性氧、酚类等大量化学物质所形成的化学屏障，还要突破由内生微生物形成的根内生物屏障。一旦这些屏障都被突破，病原物将快速增殖，植物就只有死路一条。

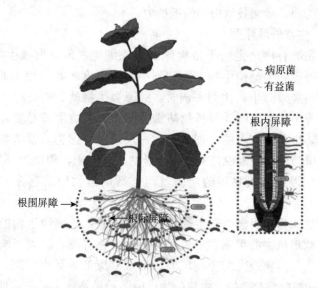

图2-2 烟草根际环境3层生物屏障示意

（四）微生物群与营养关系理论

正常微生物不仅有助于植物营养的吸收利用，还可合成蛋白质、维生素以及其他有益物质供植物吸收利用。使用适量的微生态制剂可以显著提高植物肥料的利用率，并有利于维护植物机体微量元素的平衡。植物根际和叶际大量存在的微生物自身也需要能量物质的供给，

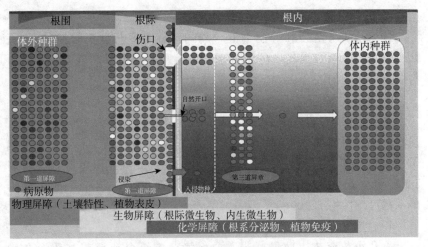

图 2-3　病原物突破 3 层屏障导致植物发病的机制

大量的根系分泌物可以为微生物提供丰富的能源物质，而微生物降解这些根系分泌物则可以净化根际环境，对植物的生长发育也十分有利。因此，从营养的角度来说，植物根际微生物群是保护植物健康的关键。

四、微生态调控的主要措施

（一）育苗基质拌菌，抢占生态位，平衡根际微生态

选用拮抗菌剂，特别是复合微生物菌剂进行育苗基质拌菌，抢占根际生态位，平衡根际微生态，构建植株健康的生物屏障，具有促苗、壮苗、齐苗、促根等多方面作用，省工、省时、省钱。该方法适合各类育苗方式，对田间根茎病害发生有显著的抑制作用。

1. 菌剂选择

针对根茎病害的组合菌剂可选用 100 亿个/g 苗强壮可湿性粉剂；针对青枯病可选用 3 000 亿个/g 荧光假单胞杆菌粉剂或者 0.1 亿 CFUs/g 多黏类芽孢杆菌细粒剂；针对黑胫病可选用 10 亿芽孢/g 枯草芽孢杆菌粉剂或者 100 万孢子/g 寡雄腐霉菌可湿性粉剂；针对根黑腐病可选用孢子含量 50 亿个/g 的哈茨木霉可湿性粉剂。最好选用来源于保护作物本身健康菌株所组成的有益菌剂组合。

2. 推荐用法

育苗基质与苗强壮等菌剂混合均匀，装入育苗盘正常播种育苗。如果因为量少不好混匀，可先将 1kg 育苗基质与推荐剂量混匀后，再与剩余基质均匀混合。

3. 推荐用量

每 1 000 株幼苗所需的育苗基质中，添加菌剂量为 100 亿个/g 苗强壮可湿性粉剂 100g 或者 10 亿芽孢/g 枯草芽孢杆菌 100g，100 万孢子/g 寡雄腐霉菌可湿性粉剂 10g，3 000 亿个/g 荧光假单胞杆菌粉剂 200g，0.1 亿 CFUs/g 多黏类芽孢杆菌细粒剂 500g，50 亿个孢子/g 哈茨木霉可湿性粉剂 100g。

4. 注意事项

小孔小苗育苗用菌量减半，要保障菌剂组合和育苗基质混合均匀，基质的疏松度和通透性良好，保持育苗池的水温和棚温，基质内不能添加对细菌有杀伤作用的药剂等。在低温环境下，应用效果会降低。

（二）有机肥拌菌，活化有机肥，优化土壤环境

增施有机肥，避免化肥的大量施用，是优化根际环境的基础。选择高质量的有机肥，有机肥要进行堆沤、活化、去除杂菌。有机肥施用时，每 666.7m² 不少于 100kg 的精制有机肥，与有益菌剂现混现用，活化有机肥，促进有益微生物增殖，提升有机肥养分转化和利用率。

1. 菌剂选择

针对根茎病害的组合菌剂可选用 30 亿个/g 根茎康可湿性粉剂；针对青枯病可选用 3 000 亿个/g 荧光假单胞杆菌粉剂或者 0.1 亿 CFUs/g 多黏类芽孢杆菌细粒剂；针对黑胫病可选用 10 亿芽孢/g 枯草芽孢杆菌粉剂或者 100 万孢子/g 寡雄腐霉菌可湿性粉剂；针对根黑腐病可选用 50 亿个孢子/g 哈茨木霉可湿性粉剂。

2. 推荐用法

最后一次翻堆装袋时（务必确保有机肥充分腐熟），或者即将田间施用有机肥时，将根茎康等菌剂混匀加到有机肥中并搅拌均匀，条施后起垄。混合后尽快使用。

3. 推荐用量

按照每 666.7m^2 用量折算，30 亿个/g 根茎康可湿性粉剂用量 1kg，10 亿芽孢/g 枯草芽孢杆菌 500g，100 万孢子/g 寡雄腐霉菌可湿性粉剂 100g，3 000 亿个/g 荧光假单胞杆菌粉剂 2kg，0.1 亿 CFUs/g 多黏类芽孢杆菌细粒剂 2kg；50 亿孢子/g 的哈茨木霉可湿性粉剂 300g 等。

4. 注意事项

菌剂和有机肥一定要混匀，最好 2 次稀释混合，要随混随用，不要在有机肥中加生石灰等杀菌材料。

（三）抗性诱导，提升植株的抵抗力，平衡抗病性

在团棵和旺长期，采用水杨酸或者 2,6-二氯异烟酸进行叶面喷雾处理，或者喷施氨基寡糖等，提升植株抗病性。

1. 推荐用法

按照推荐稀释倍数配制抗性诱导物质水溶液，采用喷雾装置，均匀喷施到叶表面。

2. 推荐用量

水杨酸 2 500 倍液（水杨酸、药液质量比为 1∶2 500），2,6-二氯异烟酸按 50mg/L 的浓度，即按有效成分稀释 20 000 倍液，每 666.7m^2 用药液 50kg 均匀喷雾，施药 1～2 次。

（四）叶面微量元素补充，平衡烟草的营养供给

注意补充钙和钼，以叶面喷雾方式增施钙、钼等矿质元素对连作病害有一定的缓解效果，对于一些酸化区域，钼处理最好，其次为钙处理，两者对植物青枯病、黑胫病等的发生均具有一定的延缓发病作用。蔬菜旺长期采用多种微量元素的组合产品西植美进行叶面喷雾，可提升植株生长量，同时对叶部病害也有很好的防控作用。

1. 推荐用法

按照推荐稀释倍数配制成水溶液，采用喷雾装置，均匀喷施到植物的叶表面。

2. 推荐用量

采用硝酸钙进行叶面补钙，钼酸铵进行叶面补钼，西植美等补充多种微量元素。用量为纯品硝酸钙（$CaN_2O_6 \cdot 4H_2O$），每 666.7m^2 用量 100g，稀释 500 倍，叶面均匀喷施；纯品钼酸铵〔$(NH_4)_6Mo_7O_{24} \cdot 4H_2O$〕每 666.7m^2 用量 100g，稀释 500 倍，叶面均匀喷施；西植美 2 号每 666.7m^2 用量 120～150g，稀释 500～1 000 倍，叶面均匀喷雾。

在实际应用过程中，植物诱抗剂、叶面营养元素和叶部病害防控杀菌剂三者可以混用，以减少用工，对于预防和治疗叶部病害，增强植株的整体抵抗力具有重要的意义。

蔬菜根际微生物组学特征分析

第一节 植物根际土壤的宏基因组学

一、植物根际土壤宏基因组学概念

概括地说，植物根际土壤宏基因组学是指以植物根际土壤中的全部微生物 DNA 作为研究对象，揭示根际土壤微生物之间相互作用以及微生物对生活在同一环境下的植物的影响。应用现代基因组学技术可以直接研究自然状态下的植物根际土壤微生物群落，不再需要在实验室中分离单一的菌株。这极大地扩宽了人类对植物根际土壤微生物的认知视野。

二、植物根际土壤宏基因组学的研究发展

目前，研究者们认为土壤中可分离的微生物种类占土壤总微生物种类的比例不到 1%，由于人类现阶段对土壤微生物的认识不足，作为自然界宝库的土壤微生物仍需人类去探索发现。宏基因组学作为近 20 年来一种研究土壤微生物的技术手段，很大程度上帮助人类丰富了有关土壤微生物的认知，相比于传统的分离培养，人类对土壤微生物的研究已进入飞速发展阶段。目前，人类借助宏基因组学技术对植物根际土壤的研究，主要集中在根际微生物的群落结构、微生物与植物根系互作等方面。

植物根际土壤宏基因组学研究离不开测序技术的快速发展，21 世纪以来，以 Roche 公司的 454 技术、Illumina 公司的 Solexa 技术和 ABI 公司的 SOLiD 技术为标志的第二代高通量测序技术的诞生以及测序成本的逐渐降低使宏基因组学研究得以快速发展。常安然等（2017）

利用第二代测序平台对烟草根际土壤细菌 16S rDNA 进行高通量测序分析，对土壤细菌进行分类，得到 25 个菌门以及 576 类菌属，并得到了一些与土壤营养物质含量、pH、含水量、含氮量等呈现正相关以及负相关的菌门、菌属；赵柏霞等（2018）基于 Illumina Hiseq 测序平台对砂蜜豆/马哈利樱桃 5 个生长发育期的根际土壤细菌群落结构进行研究，发现砂蜜豆/马哈利樱桃根际土壤细菌群落结构在萌芽期种群类别最少，之后逐渐增加，至快速生长期群落结构最复杂，多样性最丰富，进而又逐渐减少。近几年，随着以单分子荧光测序技术为代表的美国螺旋生物公司和美国太平洋生物公司、以纳米孔测序技术为代表的英国牛津纳米孔公司在第三代测序上的发展，测序技术进一步提升，相比第二代测序技术具有读长更长、通量更大、更为准确的优点。研究者利用第三代测序技术研究喜马拉雅山西北部的冻土发现，此区域的细菌群落结构与北极永久冻土，以及其他相同生态位地点的冻土存在差异；对接种生防菌哈茨木霉 *Trichoderma harzianum* ITEM 3636 和未接种的花生根际土壤进行了宏基因组第三代测序，测序结果表明接种生防菌哈茨木霉与未接种的花生根际土壤在细菌、真菌群落结构上不存在显著差异。

三、根际土壤宏基因组与连作病害的关系

（一）作物健康生长与根际土壤微生物组的关系

根际是指受植物根部分泌物影响、紧靠根部的狭小的土壤区域，作物根际庞大而复杂的微生物群落被称为作物的第二基因组，主要包括细菌、真菌、线虫、原生动物、藻类、病毒、古生菌、节肢动物等。在争夺作物释放的营养物质的食物网中，根际微生物组具有绝对的数量优势。有研究者推测，作物是通过其根际的营养沉积物（如根系分泌物、根冠边缘细胞等）有选择性地去构建一个能促进作物生长和保持健康的根际微生物组。但也有研究者提出异议，认为这些营养物质的释放是作物在自然地溢出，或者说是作物的废弃物，并非故意而为。虽然针对根际微生物的形成与作物之间的关系是"crying for help"（作物主动筛选根际微生物组成）还是"just crying"（作物无意识地形成

根际微生物），科学家们的意见仍未达成一致，但是随着根际微生物组学的深入研究，根际微生物的互作能直接或间接地影响作物生长和病害防控的概念已被科学家们广泛认可（图 3-1）。

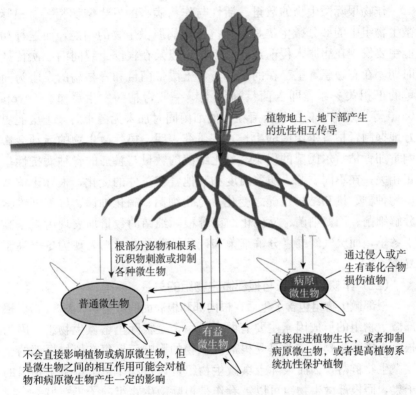

图 3-1　作物根际土壤微生物组的相互作用

注：仿 Berendsen，2012。

对植物生长有促进作用的根际微生物能显著影响作物的营养状态，其中最有名的例子是根际固氮菌和调节磷吸收的菌根真菌。近年来，除了根瘤菌以外，在根际有大量的固氮细菌被鉴定出来。Guimarāes 通过温室试验和 16S 测序技术鉴定出，在豇豆根际，慢生根瘤菌属 *Bradyrhizobium*、伯克氏菌属 *Burkholderia*、无色杆菌属 *Achromobacter*

能使豇豆结瘤，从而能有效地形成生物固氮，促进豇豆的生长。菌根真菌与植物形成共生体，能通过转化土壤中的营养和矿物质供作物生长，改善土壤物理结构使土壤产生稳定的土壤团聚体，进而抑制土壤中的病原微生物，使作物健康。

作物根际微生物的数量、活性与作物病害的发生密切相关。根际微生物组中的部分微生物具有拮抗土壤病原微生物的功能，而这种功能主要发生在病原入侵前或感染初期，以及在根部组织间的二次传播时期。在有敏感寄主存在的条件下，土壤带菌量和青枯病的发生为简单的正相关关系，即含菌量高的土壤一般青枯病发生严重。Toyota Koki 等发现将青枯雷尔氏菌和其他细菌同时加入无菌土时，土壤能更好地抑制青枯雷尔氏菌的生长。有研究表明，根际微生物的活动会影响番茄青枯雷尔氏菌的侵染，氨化细菌的数量与番茄的青枯病抗性呈正相关；在不同季节，随着温度和其他气候条件的变化，根际土壤微生物种群数量和结构也随之变化，氨化细菌、硝化细菌、好气纤维素分解细菌、固氮细菌、反硫化细菌等根际细菌的数量均表现为夏季高于冬季，而厌气纤维素分解细菌和硫化细菌的数量则表现为冬季高于夏季。

（二）作物健康生长与根部微生物组的关系

根部微生物组包含了生活在根内部和根表面的微生物（图3-2）。根部微生物组的形成因素主要有两个：一个是根际土壤微生物组，因为根际土壤微生物组主要是受根部沉积物的影响而聚集在植物根部的土壤微生物群落，因而根际土壤微生物组可以被看作是土壤微生物组的子集，而根部微生物组可以被看作是根际微生物组的子集；另一个因素是寄主植物，不同种类或品种的寄主植物会根据其基因型对能够通过根表细胞的微生物进行进一步筛选，而通常这种筛选既可能是利用不同根际分泌物召集土壤中的微生物，也可能是筛选通过根表的细胞进入根内的根际微生物。此外，通过种子发芽生根的过程，一小部分根内微生物组可能获得其母代植株的微生物，但是 Geisen 通过大规模的种子与成苗试验发现，在作物生长后期，其根内菌与种子时期种子内部的微生物种群基本没有相同的。

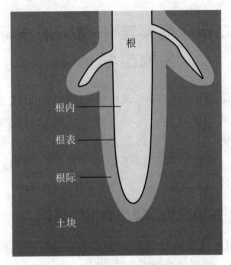

图 3-2　作物根部与土壤不同区域示例

　　在根部生境活动的微生物对作物的生长和健康状态也有着强烈的影响。根内菌既可作为有益菌促进作物生长，也可作为致病菌导致作物死亡，或者两者兼具。细菌性内生菌因具有与病原菌相似的繁殖生态位点而被开发为抑制病害发生的生防菌剂。但是，有研究发现轮状镰刀菌 *Fusarium verticillioides* 在玉米根部既可表现为病原菌又可表现为有益菌。

　　根内菌可以诱导作物产生系统抗性从而对病原菌产生更高的耐受性，这种抗性被称为诱导系统抗性。有研究表明，在作物与有益菌互作的初始阶段，有益菌会触发作物产生免疫反应，而这样的免疫反应与作物对抗病原菌时所需要产生的免疫反应是相似的；随后，有益菌通过作物识别后躲避寄主的免疫效应，进而在作物根部成功定殖，而随之增强的作物免疫系统在作物对抗病原菌入侵时，能起到提前预防的作用。假单胞菌属 *Pseudomonas* 和芽孢杆菌属 *Bacillus* 通常被认为是诱导作物产生系统抗性的指示性微生物，但值得指出的是并不是这两个属的所有微生物均能诱导作物产生系统抗性。

第二节　蔬菜连作病害的根际微生物组学特征

西南大学根际微生态过程与调控研究团队与重庆市农业技术推广总站蔬菜病害防治团队合作，以连作蔬菜土传病害发生与根际微生物的关系研究为突破口，关注与蔬菜品质、风格、特色密切相关的气候条件和土壤特性，通过宏基因组学分析了榨菜、辣椒、生姜连作区根际微生物组学特征。

一、榨菜根肿病发生的微生物组学特征

（一）榨菜根肿病发病与健康土壤的微生物群落结构多样性分析

1. 榨菜根际土壤微生物测序深度评估

通过 16S rRNA 高通量测序分析 60 份样品（包括 30 份健康植株和 30 份发病植株根际土壤），共获得细菌 3 347 272 个有效序列读取数和 13 253 个 OTUs（分类操作单元），平均读取长度为 256bp，样本抽平后，保留 29 076 个读取数进行分析；获得真菌 4 226 818 个有效序列读取数和 3 767 个 OTUs，平均读取长度为 224bp，样本抽平后，保留 41 228 个读取数进行分析。稀释曲线（图 3-3）表明测序数量基本合理，其深度足以进行下游分析。

2. 土壤微生物 α-多样性分析

健康植株和发病植株根际土壤的细菌覆盖率分别为 96.38% 和 97.46%，真菌覆盖率分别为 99.58% 和 99.65%，表明该数据足以反映出土壤环境中微生物的群落结构。对榨菜根肿病病株和健株的根际土壤微生物群落进行 α-多样性分析（表 3-1）发现，无论是细菌还是真菌，其病株的 ACE 指数、Chao1 指数均显著高于健株，而 Shannon 指数就细菌而言并未达到显著性差异水平，但健株的真菌 Shannon 指数反而显著高于病株，以上结果表明，病株根际土壤微生物群落丰富度较高，而健株根际土壤微生物群落的均匀度较高，即物种数量的分布更为均匀，尤其是真菌。

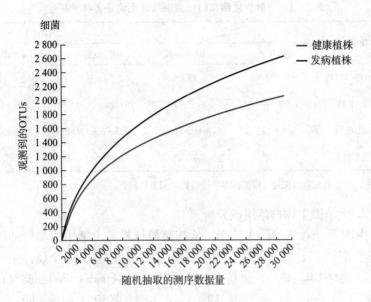

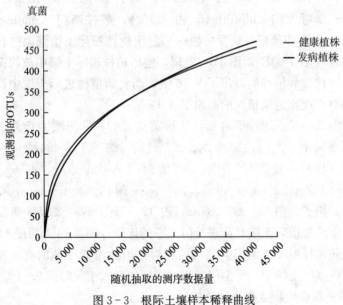

图 3-3 根际土壤样本稀释曲线

表 3-1　根肿病发病和健康植株根际土壤 α-多样性指数

指数	细菌		真菌	
	发病植株	健康植株	发病植株	健康植株
Shannon 指数	5.89±0.16	5.95±0.1	2.52±0.15	3.04±0.12*
ACE 指数	4 467.7±191.14*	3 079.6±162.26	781.86±34.52*	681.66±24.22
Chao1 指数	3 982.7±181.4*	2 941±150.55	695.62±34.63	631.43±22.87
覆盖率/%	96.38	97.46	99.58	99.65

注：＊表示发病植株与健康植株多样性指数之间差异显著。

3. 土壤微生物群落组成分析

由图 3-4A/彩图 4A 可知，从榨菜植株根际土壤中检测出的细菌隶属于 57 个门、155 个纲、326 个目、615 个科、1 346 个属。主要细菌门（相对丰度≥5%）包括变形菌门 Proteobacteria，占 42.65%；放线菌门 Actinobacteria，占 19.54%；拟杆菌门 Bacteroidetes，占 8.78%；绿弯菌门 Chloroflexi，占 8.18%；酸杆菌门 Acidobacteria，占 5.28%。对榨菜根肿病发病植株和健康植株根际土壤细菌进行门水平的比较（图 3-4B/彩图 4B）发现，健康植株根际土壤中放线菌门的相对丰度比发病植株的高出了 6.36 倍，而发病植株根际土壤中拟杆菌门的相对丰度比健康植株的高出了 4.19 倍。

由图 3-4C/彩图 4C 可知，从榨菜植株的根际土壤中检测出的真菌分别隶属于 8 个门、30 个纲、99 个目、228 个科、484 个属。主要真菌门（相对丰度≥10%）包括子囊菌门 Ascomycota，占 46.35%；接合菌门 Zygomycota，占 17.75%；壶菌门 Chytridiomycota，占 17.5%；担子菌门 Basidiomycota，占 12.52%。对榨菜根肿病发病植株和健康植株根际土壤真菌进行门水平的比较（图 3-4D/彩图 4D）发现，发病植株根际土壤中壶菌门的相对丰度比健康植株的高 9.99 倍，健康植株根际土壤中担子菌门的相对丰度比发病植株的高 9.11 倍。

4. 土壤微生物 β-多样性分析

榨菜根肿病病株和健株根际土壤中细菌和真菌群落的主坐标分析结

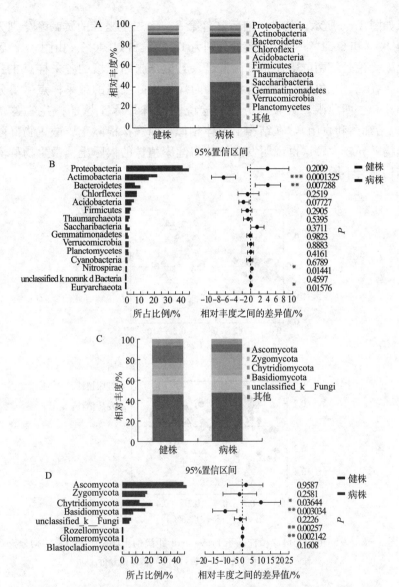

图 3-4　发病植株与健康植株根际土壤微生物群落在门水平上的组成

注：A、C 分别为细菌、真菌门水平上的相对丰度，B、D 分别为细菌、真菌在门水平上的 Wilcoxon 秩和检验条形图。

果如图 3-5 所示。其中，细菌群落第一、第二主坐标的贡献率分别为
24.92％和8.54％；真菌群落的分别为18.85％和11.26％。由图3-5看
出，无论是细菌群落还是真菌群落，其健株根际土壤的各采样点主要分
布在二、三象限，且较为集中，而病株根际土壤的各采样点主要分
布在一、四象限，且较为分散。这说明健株根际土壤的微生物群落
（包括细菌和真菌），在结构上大体相似，而病株根际土壤微生物群落
结构差异较大，这也说明发病植株与健康植株的根际土壤微生物群落
结构显著不同。

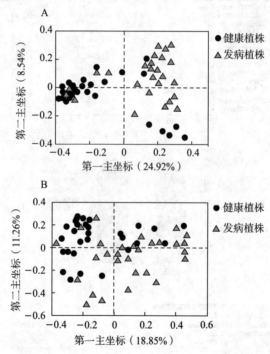

图 3-5　发病植株与健康植株基于 bray-curtis 距离的土壤微生物群落结构分析
注：A 为细菌群落结构分析，B 为真菌结构分析。

5. 土壤微生物网络拓扑分析

构建基于随机矩阵理论（RMT）的网络分析图，能阐明微生物群
落中不同物种间的相互作用。通过具有显著相关性的真菌和细菌的高

通量测序数据构建图3-6/彩图5。从直观上看，健株根际土壤微生物群落网络中各物种表现更为活跃，构成的关联较发病土壤也偏多。其网络拓扑参数（表3-2）显示，健株根际土壤细菌网络含有40个节点、38个边缘，而病株根际土壤仅含有27个节点、22个边缘；健株根际土壤真菌网络含有78个节点、171个边缘，而病株根际土壤仅含有45个节点、71个边缘。从连接度来看，无论是细菌或真菌，健康植株均高于发病植株。

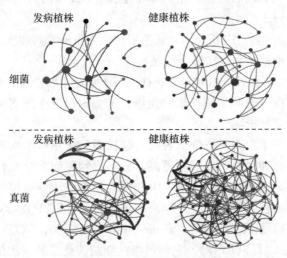

图3-6　发病植株与健康植株土壤微生物群体网络分析

表3-2　发病和健康植株根际土壤微生物群落的系统
发育分析生态学网络结构指标

	处理	节点数	边缘数	幂次定律	连接度	测量距离	模块性
细菌	发病植株	27	22	0.936	1.63	2.306	0.71
	健康植株	40	38	0.705	1.9	5.261	0.697
真菌	发病植株	45	71	0.492	3.156	3.546	0.494
	健康植株	78	171	0.435	4.385	3.107	0.446

　　根据网络拓扑分析筛选出，最大中心性排名前 10 的微生物物种，其中已被明确鉴定的细菌有 Mucilaginibacter（OTU12403）和 Variovorax（OTU11035），真菌有 Penicillium（OTU378、OTU1296）和 Cryptococcus（OTU2623）。这些物种具有高度的中心性和相关性，可能是维持微生物生态网络稳定和抑制根肿病发生的关键性微生物。

　　该研究基于 16S rDNA/ITS 基因高通量测序技术，对榨菜根肿病发病和健康植株根际土壤微生物群落结构和组成进行分析；利用随机矩阵方法建立病株和健株两组样本土壤微生物群落的分子生态网络拓扑图。得出以下结论：

　　第一，β-多样性分析显示，榨菜根肿病常发地发病和健康植株根际土壤微生物群落之间存在显著差异；

　　第二，α-多样性分析显示，病株根际土壤微生物群落（包括细菌和真菌）丰富度显著高于健株根际土壤，但健株根际土壤真菌群落多样性显著高于病株根际土壤；

　　第三，分子生态网络分析表明，健株根际土壤微生物群落内具有更多的连接点和边缘，连接度更高，显示出物种间共生互作关系更为复杂。此外，通过网络拓扑图的中介中心性筛选出健康根际土壤中具有生防作用的核心物种，细菌 Mucilaginibacter（OTU12403）和 Variovorax（OTU11035），真菌 Penicillium（OTU378、OTU1296）和 Cryptococcus（OTU2623）。它们可能在抑制榨菜根肿病和维护根际土壤健康中发挥着重要作用。

（二）榨菜根肿病发病与健康土壤的微生物群落功能特征

1. 土壤微生物群落的代谢活性

　　采用 Biology ECO 平板培养技术，研究了榨菜根肿病健康与发病土壤微生物群落代谢多样性和功能多样性的特征。平均颜色变化率（AWCD）表征微生物群落的碳源利用情况，反映了土壤微生物代谢活性，其值越高，土壤中微生物群落代谢活性也就越高，榨菜根肿病发病植株和健康植株土壤 AWCD 随培养时间的变化见图 3 - 7。随着培养时间的延长，其利用的碳源量逐渐增加。在 0～24h 培养时期，各处理的 AWCD 增加缓慢，说明此段时间内碳源基本未被微生物群落利用；24～96h 内，AWCD 快速增加，反映出微生物群落活性明显增强，碳源被大幅度利用；96h 以后，各处理的 AWCD 增长速率有所降低且趋于稳定。这表明 AWCD 在 96h 时处于"拐点"处，采用 96h 的吸光值进行分析能更真实地反映实际情况。同时，发病植株的 AWCD 明显高于健康植株，说明发病土壤的微生物群落代谢活力强于健康土壤。

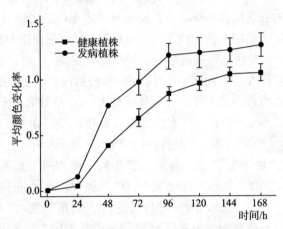

图 3-7　不同处理的 AWCD 随培养时间变化情况

2. 土壤微生物群落多样性变化

通过 AWCD 计算得到的微生物功能多样性指数如表 3-3 所示，发病植株根际土壤微生物群落的物种多样性（Simpson 指数）显著高于健康植株的根际土壤，丰富度指数（Shannon 指数）、优势度（MicIntosh 指数）、均匀度指数亦高于健康植株，但不具有显著性差异。

表 3-3　各处理的群落多样性指数

处理	AWCD	Simpson 指数	Shannon 指数	MicIntosh 指数	均匀度指数
发病植株	1.20±0.12	0.96±0.000 5	3.24±0.09	7.44±0.57	0.94±0.03
健康植株	0.93±0.02	0.95±0.000 2*	3.18±0.08	5.75±0.31	0.93±0.02

二、辣椒青枯病发生的微生物组学特征

（一）微生物种群结构差异性分析

分别选取重庆黔江、彭水、武隆青枯病发生严重区域与未发生区域的根际土壤，共采集 3 个时期：移栽前期、旺长期和采收后期，一共采集样品 54 个，其中发病土与健康土各 27 个，采用 16s rDNA 技术测定微生物的群落结构特征，分析发病与健康土壤的根际微生物差异。在 3 月份土壤样品中共检测到 7 989 个 OTUs（细菌操作分类单位），9 月份 7 738 个。对测序数据进行 α-多样性分析发现，9 月份土壤微生物的丰富度和多样性指数均高于 3 月份，3 月份黔江健康土样的 Chao1 和 Shannon 指数均最高，9 月份各个样品的 Chao1 指数和 OTUs 均不存在显著差异（表 3 - 4）；在所有的土壤样品中，变形菌门 Proteobacteria 的相对丰度最高，其次为酸杆菌门 Acidobacteria 和拟杆菌门 Bacteroidetes，经过辣椒的整个生育期，酸杆菌门的相对丰度减少了 8%，而拟杆菌门增加了 5%，并且土壤中青枯菌属 *Ralstonia* 的相对丰度显著增加（图 3 - 8/彩图 6、图 3 - 9）；利用聚类分析发现，3 月份土壤微生物相对丰度与地理因素有关，而 9 月份根际土壤微生物相对丰度与地理和发病因素均有关（图 3 - 10）。

表 3 - 4　不同样品土壤微生物 16S rRNA 测序数据丰富度与多样性指数

采样时间	样品编号	OTUs（97%）	Chao1 指数	Shannon 指数
3 月	WS_{Mar}	1 497.00±104.48a	1 998.94±402.18a	9.49±0.06ab
	WC_{Mar}	1 898.33±42.33bc	3 427.74±129.94b	9.85±0.06b
	PS_{Mar}	1 690.67±45.24abc	2 962.93±94.19ab	9.09±0.20a
	PC_{Mar}	1 615.67±94.38ab	2 364.18±301.54ab	9.54±0.07ab
	QS_{Mar}	1 953.00±5.57c	3 314.53±30.85b	9.91±0.01b
	QC_{Mar}	1 896.67±44.28bc	3 076.01±259.68ab	9.80±0.04b

（续）

采样时间	样品编号	OTUs（97%）	Chao1 指数	Shannon 指数
9月	WS_{Sep}	3 213.67±64.83a	4 296.00±231.22a	9.81±0.02bc
	WC_{Sep}	3 264.33±87.86a	4 011.15±217.11a	10.04±0.01d
	PS_{Sep}	3 269.33±85.99a	4 211.28±294.09a	10.01±0.05cd
	PC_{Sep}	2 886.67±150.65a	3 641.28±363.15a	9.66±0.08b
	QS_{Sep}	3 016.67±54.87a	4 250.37±209.21a	9.39±0.04a
	QC_{Sep}	3 282.33±38.96a	4 552.77±144.64a	9.86±0.05bcd

注：样品编号第一个字母中 W 表示武隆，P 表示彭水，Q 表示黔江；第二个字母中 S 表示健康土壤，C 表示发病土壤。下同。表中数据为平均值±标准差，$n=3$。

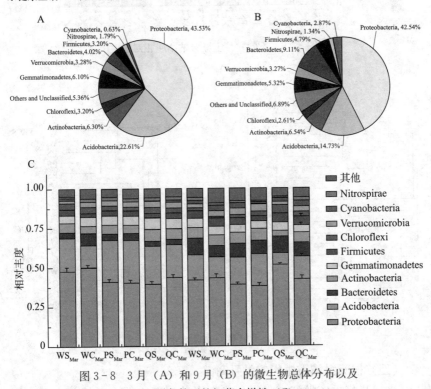

图 3-8　3月（A）和9月（B）的微生物总体分布以及
不同条件下的细菌多样性（C）

注：C图横坐标中，下标 Mar 表示3月，Sep 表示9月。

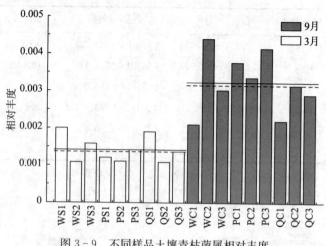

图 3-9　不同样品土壤青枯菌属相对丰度

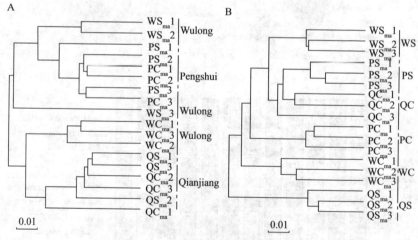

图 3-10　测序数据聚类分析

（二）根际土壤微生物的关系图谱

进一步将重庆黔江、彭水、武隆青枯病发生严重区域与未发生区域根际土壤分为土壤抑病与感病两组，首先使用 non-parametric factorial Kruskal-Wallis（KW）sum-rank test（非参数因子克鲁斯卡尔-沃利斯秩和检验）检测具有显著丰度差异的特征，并找到与丰度有显著差异的类群。最后，采用线性判别分析（LDA Effect Size）来估算每个组分（物种）丰度对差异效果的影响。利用维恩求交集分析，共确定了 64 个类群为优势菌群，其中健康土壤中的类群 22 个，发病土壤中的类群 42 个（图 3 - 11/彩图 7、图 3 - 12/彩图 8）。

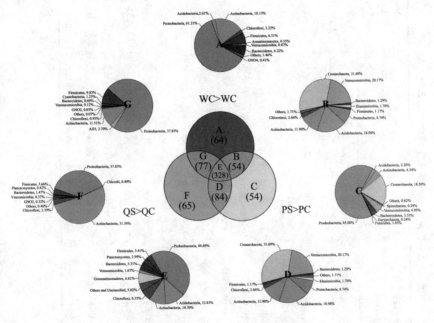

图 3 - 11 根际土壤微生物维恩分析

在采收后期（9 月）采集的武隆、彭水和黔江样品中，共筛选出 15 个潜在的抑病性生物指示类群并绘制发病与不发病微生物图谱，其中 Kaistobacter 的原始相对丰度分别为 WS 为 2.94%，PS 为 2.93%，QS 为 3.68%，关系图谱分析的 LDA 得分最高（LDA ＝ log₁₀ 4.17），被认为是最主要的抑病性指示类群（表 3 - 5）。此外，明确了放线菌属与杆菌属 *Bacillus* 可能是抑制青枯病发生的关键微生物类群。

表 3 – 5　辣椒青枯病抑病土壤中的指示微生物

门	纲	目	科	属	相对丰度/%			LDA得分
					WS	PS	QS	($\log_{10}$)
Proteobacteria	Alphaproteobacteria	Sphingomonadales	Sphingomonadaceae	Kaistobacter	2.94±0.04	2.93±0.12	3.68±0.21	4.17
Proteobacteria	Alphaproteobacteria	Sphingomonadales			0.49±0.09	0.52±0.19	1.17±0.06	4.50
Actinobacteria	Thermoleophilia	Solirubrobacterales			0.67±0.04	0.42±0.01	0.49±0.03	2.75
Proteobacteria	Alphaproteobacteria	Sphingomonadales	Sphingomonadaceae		0.41±0.01	0.48±0.05	0.62±0.02	4.06
Acidobacteria	Acidobacteria	Acidobacteriales	Acidobacteriaceae		0.46±0.05	0.31±0.05	0.33±0.03	3.20
Acidobacteria	Acidobacteria	Acidobacteriales	Acidobacteriaceae	Granulicella	0.16±0.02	0.18±0.00	0.27±0.02	3.20
Actinobacteria	Actinobacteria	Actinomycetales	Catenulisporaceae	Catenulispora	0.26±0.07	0.13±0.02	0.15±0.02	3.19
Proteobacteria	Alphaproteobacteria	Sphingomonadales			0.10±0.03	0.12±0.00	0.11±0.03	4.06
Actinobacteria	Actinobacteria	Actinomycetales	Dermacoccaceae	Dermacoccus	0.02±0.00	0.01±0.00	0.10±0.01	2.86
Actinobacteria	Actinobacteria	Actinomycetales	Nocardiaceae	Nocardia	0.04±0.01	0.03±0.01	0.05±0.01	2.80
Actinobacteria	Thermoleophilia	Solirubrobacterales	Conexibacteraceae		0.05±0.00	0.02±0.00	0.00±0.09	2.75
Actinobacteria	Thermoleophilia	Solirubrobacterales	Conexibacteraceae	Conexibacter	0.04±0.01	0.02±0.00	0.01±0.00	2.75
Firmicutes	Clostridia	Clostridiales	Clostridiaceae	Clostridium	0.02±0.00	0.01±0.00	0.01±0.00	2.81
Proteobacteria	Gammaproteobacteria	Alteromonadales	Shewanellaceae	Shewanella	0.00±0.00	0.00±0.00	0.01±0.00	3.21
Actinobacteria	Actinobacteria	Actinomycetales	Micromonosporaceae	Actinocatemispora	0.00±0.00	0.00±0.00	0.00±0.01	3.08

指示微生物的分类

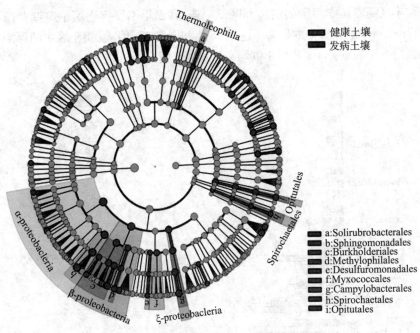

图 3-12 根际土壤微生物关系图谱分析

三、生姜姜瘟病主要发病区的土壤微生态特征

为了研究生姜连作影响青枯病发生的微生态机制，作者所在团队采集了连作 35 年、15 年的生姜青枯病发病与不发病土壤，用种植 1 年的土壤作为对照，利用 16S rDNA 测序技术检测土壤微生物结构多样性，利用 Biolog ECO 板检测土壤微生物功能多样性，同时检测了土壤中的荧光素二乙酸酯（FDA）酶、蔗糖酶、过氧化氢酶等与微生物代谢相关的酶活性。通过分析其微生态特征，以期找到影响生姜连作抗病的关键微生物种群。

（一）连作对生姜根际微生物群落组成的影响

不同连作年限的发病和健康土样中的微生物组成在门水平上差异较小，但在相对数量上部分物种表现出一定差异（图 3-13）。连作可显著降低变形菌门 Proteobacteria 的相对丰度，且拟杆菌门 Bacteroidetes 的相对丰度随着连作年限的增加而降低，连作 35 年不发病土壤中厚壁菌门 Firmicutes 的相对丰度最高。连作 15 年和连作 35 年不发病土壤中的浮霉菌门 Planctomycetes 相对丰度均高于发病土壤。

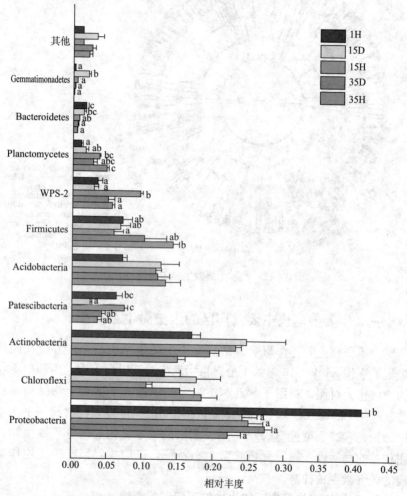

图 3-13　不同连作年限不发病与发病土样根际微生物群落在门水平上的比较

注：35D 表示连作 35 年种植区的发病土壤，15D 表示连作 15 年种植区的发病土壤，35H 表示连作 35 年种植区的不发病土壤，15H 表示连作 15 年种植区的不发病土壤，1H 表示当年种植区的土壤样本。不同小写字母表示不同样本间存在显著差异（$P<0.05$）。余同。

在属水平上（图3-14），生姜连作显著提高土壤有益微生物假单胞菌属*Pseudomonas*、芽孢杆菌属*Bacillus*、节细菌属*Arthrobacter*和沙雷氏菌属*Serratia*的相对丰度，通过富集有益微生物可缓解连作障碍。

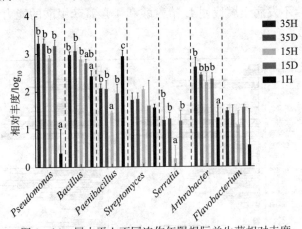

图3-14　属水平上不同连作年限根际益生菌相对丰度

（二）连作对生姜根际土壤微生物功能多样性的影响

对不同连作年限生姜的土壤微生物碳源代谢进行分析，结果表明（图3-15），3月时，连作15年的土壤微生物代谢活性最低，到8月时，

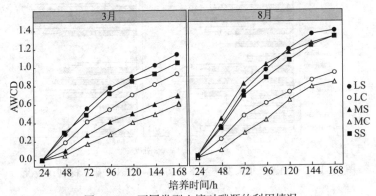

图3-15　不同类型土壤对碳源的利用情况

注：LC表示连作35年种植区的发病土壤，MC表示连作15年种植区的发病土壤，LS表示连作35年种植区的抑病土壤，MS表示连作15年种植区的抑病土壤，SS表示当年种植区的土壤样本。余同。

不发病土壤的微生物碳源代谢能力显著高于发病土壤,且连作 15 年的发病土壤微生物代谢能力最低,说明不发病土壤的微生物功能多样性升高,连作 15 年的根际土壤微生物功能多样性最低。对单一碳源进行分析发现,不发病土壤代谢 L-精氨酸和 4-羟基苯甲酸的能力显著增强(图 3-16)。

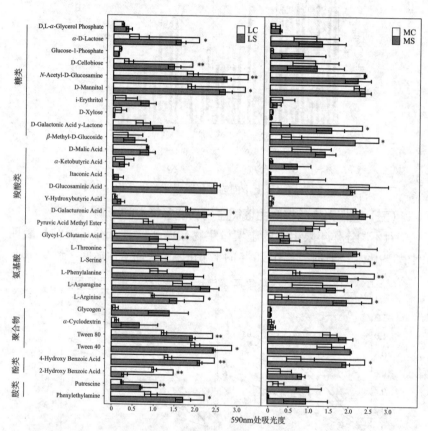

图 3-16 不同连作年限发病与不发病土壤对 31 种碳源的利用情况

为分析连作对细菌功能的影响,采用 KEGG 通路分析方法鉴定了不同连作年限之间的功能微生物区系,共检测到 277 个功能菌群,其中 49.46% 的菌群与代谢相关,且超过半数的菌群在连续单培养过程中发生了显著变化（图 3 - 17A），其中连作 15 年的代谢相关菌群相对丰度显著低于 35 年的（图 3 - 17B）。连作 15 年的土壤 FDA 水解酶、脲酶、过氧化氢酶活性显著降低，但蔗糖酶的活性显著增加（图 3 - 17C～F）。

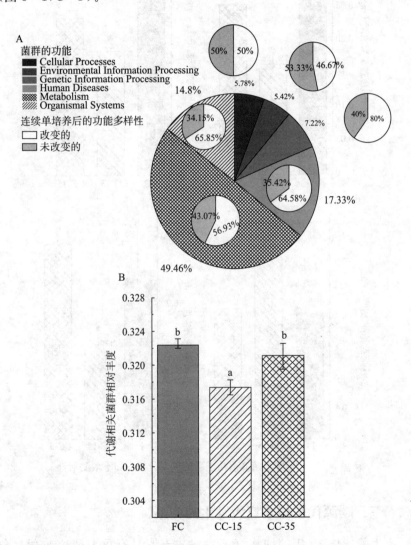

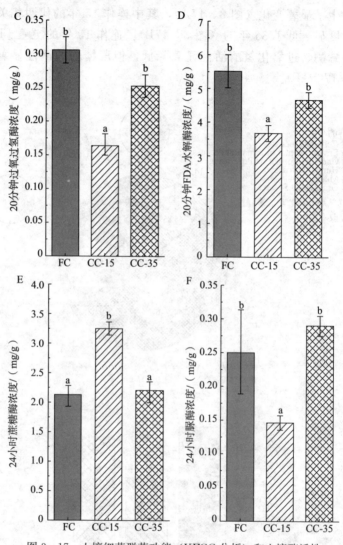

图 3-17   土壤细菌群落功能（KEGG 分析）和土壤酶活性

三、碳源代谢与姜瘟病发生的关系

生姜连作 35 年的抑病（不发病）土壤具有重要研究价值，分析其微生态特征，找到影响土壤健康的关键指标，揭示抑病土壤的抑病机制，对于克服连作障碍、减少化学品的投入、构建姜科作物健康栽培技术体系具有十分重要的意义。在此背景下，西南大学根际微生态过程与调控研究团队采用96孔碳源板分析方法，系统评估了姜瘟病发病与抑病（不发病）土壤微生物的碳源代谢特征。研究结果表明，连作年限和发病情况均显著影响土壤细菌群落的结构和代谢多样性，发病（LC、MC）与抑病土壤（LS、MS）微生物对碳源的整体利用能力存在显著差异，抑病土壤微生物对31种碳源的整体利用能力显著高于发病土壤，在24～168h的培养时间内，抑病土壤处理组颜色平均变化率（AWCD）较发病土壤高出33.3%～62.5%（图3-18）。

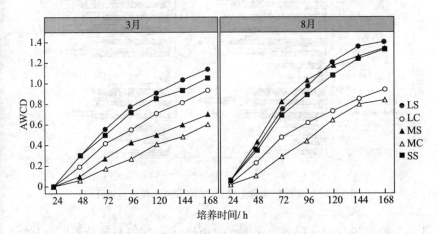

图3-18 不同类型土壤的碳源代谢活性

注：LC为35年种植区的发病土壤，MC为15年种植区的发病土壤；LS为35年种植区的抑病土壤，MS为15年种植区的抑病土壤，SS为当年种植区的土壤样本。

对发病和抑病土壤微生物利用31种单一碳源能力进行分析，结果表明，抑病土壤对4-羟基苯甲酸和L-精氨酸的降解能力要显著高于发病土壤（图3-19、图3-20），而4-羟基苯甲酸是评估土壤青枯病发生风险的重要监测指标，L-精氨酸可以富集有益微生物，表明抑病土壤

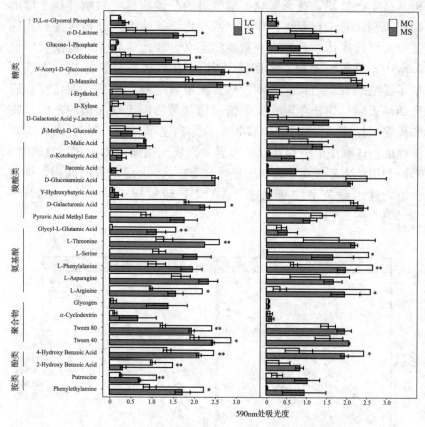

图 3-19 发病与抑病土壤对 31 种碳源的利用差异分析

中含有数量更高的 4-羟基苯甲酸降解菌以及受 L-精氨酸富集的有益微生物，这一结果也揭示了抑病土壤通过富集 4-羟基苯甲酸降解菌和其他有益微生物发挥其抑病性的微生态机制。综上所述，该研究发现4-羟基苯甲酸可以作为土壤健康的监测指标，4-羟基苯甲酸降解菌可以作为青枯病的生防菌剂，而 L-精氨酸可以作为提高土壤有益菌群丰度的土壤微生态调理材料，研究结果为姜瘟病以及青枯病的绿色防控提供了理论支撑。

连作模式下土壤微生物群落组成和功能与病害的关系模型如

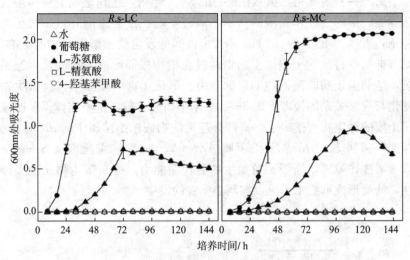

图 3-20 不同碳源对青枯菌菌株生长的影响

图 3-21 所示。随着连作年限的增加，在最初的 3～5 年内，病害会逐渐加重，而且快速发展，但随着连作年限的增加，受制于有益微生物和土壤条件，病害严重程度会稳定在一定的范围内。

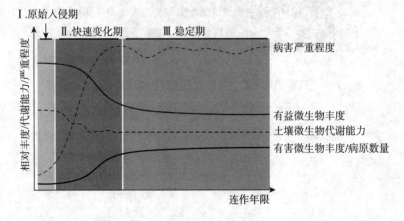

图 3-21 连作模式下微生物群落与代谢功能及病害关系的模型

注：发病模型，仿 Schroth，1982。

　　另外一种情况是，虽然在最初的 3～5 年内，连作地块的病害会快速发展，但随着连作年限的增加，病害发病程度会逐渐降低，甚至被抑制且表现为不发病。例如，小麦全蚀病的发生受土壤微生物的影响，具有抑病性特征的土壤微生物组通过在植物根部形成平衡的微生态系统，达到阻止病原菌入侵的目的，由此形成了抑病型土壤。其微生物变化与病害关系的模型见图 3-22。本书研究发现，生姜连作显著改变了土壤的微生物群落组成，富集有益微生物假单胞菌属 *Pseudomonas*、芽孢杆菌属 *Bacillus*、节细菌属 *Arthrobacter* 和沙雷氏菌属 *Serratia* 以缓解连作障碍，增强土壤微生物的代谢能力，提高微生物功能多样性，从而形成抑病型土壤，抑制姜瘟病的发生。

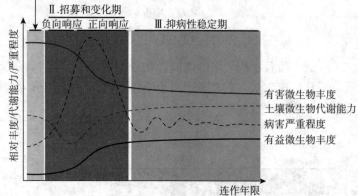

图 3-22　连作模式下微生物群落与代谢功能及病害关系的模型

注：抑病模型，仿 Schroth，1982。

| 第四章 | CHAPTER 4

生物屏障与根际健康

第一节　栽培作物的防御系统

栽培蔬菜的健康是靠自身强大的防御系统来维护的。任何一种栽培蔬菜，都是由植物体表现出的健康来实现栽培目的的。植物作为一个系统的生物体，在其生命活动的过程中，要面临各种生物的和非生物的胁迫，如空气污染、土壤酸化、营养失衡、干旱、洪涝、机械损伤等，其中有害生物对植物的侵害，时刻威胁着植物的健康乃至生命安全。栽培蔬菜的一生都在与这些胁迫进行着斗争。在长期的适应和进化过程中，栽培蔬菜演化出了强大的防御系统，利用这些复杂、多层次的防御机制，栽培蔬菜顽强地生长着。栽培作物虽然没有野生植物强大，但自身的抗御机制和防御能力还是十分完善和强大的。一般来说，植物对某种环境胁迫因子的抵御可能有多条途径，对不同环境胁迫因子的调节也可能通过相同的途径。这些机制可以确保植物遇到任何逆境都会启动防御系统作出防御反应，并与这些胁迫协同进化，达成某种平衡，实现植物的健康和持续发展。根据目前的研究，植物的防御系统主要由三个方面组成。

第一，物理防御。包括植物的角质层和细胞壁，植物感病时会导致细胞壁的木质化，为阻止病原物的进一步侵染提供有效的保护圈。胼胝体广泛分布在高等植物中，一般能在韧皮部的筛管中找到。病原物入侵后，细胞壁中也有胼胝体的积累，造成壁的加厚或者形成乳头状的小突起，胼胝体围绕在感病部位可能有阻碍病原物扩散的作用。此外，植物生存环境周围的物理阻隔也是一种物理防御。

第二，化学防御。主要是指植物产生的大量次生代谢物质，如香豆素类、多酚类、黄酮类、柠檬素类化合物等，此外，植物体内存在的活性氧、PR 蛋白、抗菌性蛋白、葡聚糖酶、几丁质酶、蛋白酶、蛋白酶抑制剂等都发挥着抗御生物和非生物胁迫的作用。很多植物受到侵害时会发出信号（乙烯、茉莉酮酸甲酯）向自身其他器官或其他植物"报警"，求救也是一种化学防御。

第三，生物防御。在生物体内以及生物体自身影响下的生长环境中有大量微生物发挥着抗御各种植物灾害的作用，这一种防御机制叫作生物防御，由此而形成的植物健康保障体系叫作生物屏障。

从植物生理学观点来看，植物抗病性是植株的形态结构、生理生化等在时间和空间上综合表现的结果，是有关抗性基因通过表达、代谢和产生一系列抗病物质来实现调控的，可以理解为植物的物理屏障和化学屏障的综合作用。实际上，植物周围的微生物和由微生物与营养因子等形成的植物微生态环境在植物的抗病过程中发挥着十分重要的作用，而这方面的研究目前还不多。

第二节　生物屏障及其作用

一、生物屏障的含义

生物屏障在生物体中普遍存在。生物屏障是生物在长期的进化中发展起来的一整套维持机体正常活动、阻止或抵御外来异物的机制，在保护生物的生存和发展中起着非常重要的作用。随着生物由低级向高级不断地进化，生物屏障也由简单到复杂不断地完善。

广泛意义上，生物屏障是生物自己保护自己的一种机制。在单细胞生物中，细胞的空间界面就是一道最原始的生物屏障。细胞质膜能选择性地控制细胞内外物质的通透。细菌的细胞壁，除维持细菌的形状外，还能有效地阻止异物的进入和抵抗环境的剧烈变化（如高温和渗透压）。在植物中，生物屏障表现为植物保护组织，暴露在空气中的器官（如茎、叶、花、果等）的表皮便是一种保护组织，一般由一层紧密排列的细胞组成，几乎没有细胞间隙，而且在与空气接触的纤维素细胞壁上覆盖着一层角质层，防止水分散失和微生物的侵入。

在高等动物中，生物屏障发展得更为完善，除有完整的皮肤保护身体外，对于侵入血液和体内的病原物，机体可通过免疫系统将它们杀灭，对于一些重要的器官（如心脏和大脑）更是有一整套完整的保护机制。心脏位于胸腔内，分别由皮肤、肌肉、肋骨、胸膜、心包膜等器官层层护卫，使之免受机械或病原物的伤害。大脑位于颅腔中，仅有一个小孔与外界相通。大脑工作时，一刻也离不开氧气和养分，然而任何一点细菌、病毒和毒素进入大脑都是致命的。为保护大脑，机体设立了层层防线，即使是血液中的微小异物也会被"血脑屏障"阻挡，而无法进入大脑。

二、微生物屏障的作用

在植物复杂的防御系统中，生物屏障一般特指仅仅由微生物发挥作用而形成的一道屏障。由微生物形成的生物屏障主要通过四种途径发挥作用：一是生态位竞争，通过早期定殖占领位点、竞争抑制病原微生物生长而将病原微生物拒之门外；同时产生拮抗作用，通过微生物的代谢物，如产生抑菌物质，拮抗或者消灭一些病原微生物；二是诱导植物产生系统抗性或者相关的酶类；三是产生次生代谢产物，促进植物生长或对养分的吸收；四是活化土壤、分解自毒物质，创造有利于植物和有益微生物生长的环境。

在植物的根际、叶际和茎际环境中还存在着与植物生长没有直接关系的中性微生物，这些微生物在病原物与寄主互作的过程中扮演着重要角色。从土壤到植物根际再到植物体内，微生物组成的多样性逐级递减，而生物屏障的作用越来越大；而且生物屏障与化学屏障的协同作用也在逐步增强。营养、气候、化学品和特殊的生物会影响到微生态平衡，微生态平衡也是物理屏障、化学屏障与生物屏障的综合作用。植物病害的发生，可以理解为植物的微生态失去了平衡，给病原物的入侵提供了良好的契机。细菌性青枯病的发生，即为青枯病突破了各种屏障，打破了根际微生态平衡，成功实现了对植物的入侵、定殖与增殖（丁伟等，2019）。

三、微生物主导下的土壤抑病性

土壤中的微生物可以优化土壤，导致一些地块在种植作物的过程中不发病或者发病较轻，这种现象被理解为微生物主导下的土壤抑病性，由此形成的不发病地块，其土壤被称为抑病型土壤。抑病型土壤的定义最早在 1974 年由 Baker 和 Cook 提出，总共包含了三种土壤：第一种是指没有病原物存在或者病原物不能定殖的一类土壤；第二种是指病原物能够定殖在土壤中，但对耕作的作物造成的伤害微乎其微的一类土壤；第三种是指病原物能够定殖在土壤中，并对耕作的作物造成一段时间的伤害，但在这之后病害却没有对作物生长构成严重影响的一类土壤。土壤抑病性是一个相对的概念，当土壤中某种特定土传病害发生后对作物造成的损失达到不可忽视的程度时，这样的土壤便称为感病土。

抑病型土壤根据其抑病活性可分为普通抑病型和特异抑病型。一份天然的土壤，拥有抑制土传病害至抑病型土壤定义中后两种程度的能力时，被称为普通抑病型。这种抑病型土壤形成的主要原因是与病原物竞争的土壤微生物整体生物量的活性，而且这种活性不可在土壤间传播。这种土壤的形成通常可通过添加高含量有机质物质，例如添加腐殖土、有机肥等；或者通过特定的农业耕作措施，例如轮作、免耕等。而特异抑病型土壤则是指在普通抑病型土壤的基础上，非常高效地抑制土壤中的某一类或多类病原菌，形成的原因通常是因为土壤中的某一种或几种微生物群落，且这种活性在不同土壤之间可以传播。这种活性的产生往往伴随着作物长时间的单一轮作，因而特异抑病型土壤微生物组在某种程度上也是由作物根系分泌物长期挑选而形成的。

几十年来，对抑病型土壤的研究一直是国内外研究学者持续关注的重点，为证实土壤微生物组参与抑病型土壤抑病过程，研究者们进行了大量工作，可总结为：第一，对土壤进行加热或灭菌，或添加针对某种特定微生物类群的杀菌剂后，土壤抑病性会丧失；第二，添加少量的（0.1%～10%）特异抑病型土壤到感病土壤中，感病土壤的抑病活性有所提升；第三，分离特定的微生物群落，当该群落出现时与病害抑制性有明显的相关性；第四，挑选代表微生物群落与病原菌进行拮抗试验，特定的微生物群落能有效抑制病原菌生长。

土壤微生物组在很长一段时间以来被人们认为是土壤这个"黑匣子"里最难以解读的部分，尤其是对土壤微生物中不可培养微生物的功能知之甚少。通过文献整理发现，对抑病型土壤的抑病机理研究多数还是处于未知或未被证实状态，有部分文献对某些特定病害的抑病型土壤的主要抑病机理进行揭示，可归纳为微生物之间的竞争作用、寄生作用、捕食作用、拮抗作用和微生物诱导作物产生系统抗性。

四、根际三层生物屏障理论的提出

植物与生境中的微生物组成了相互依赖又相互作用的微生态系统，并由此构成了植物健康的生物防御保障体系，这是生物屏障发挥作用的关键。植物与微生物关系十分密切，以植物为核心，分为附生微生物和内生微生物。附生微生物包括根际微生物、叶际微生物、茎际微生物等，内生微生物则包括寄生微生物和共生微生物等。附生微生物中的一部分微生物可以凭借与寄主的互作关系突破物理屏障从自由生活转变成寄生生活，从而进入寄主体内成为内生微生物，内生微生物再次与寄主互作，突破化学屏障而转变成病原物，导致植物生病。植物周围的绝大部分附生微生物以及体内的内生微生物扮演着保障植物健康、防御有害生物侵染，甚至与植物共存亡的角色（丁伟等，2019）。

根围、根际、根内微生物群体分别构成了第一、第二与第三层生物屏障，分层阻遏病原物在根部的侵染定殖，实现对根茎病害的有效控制，生物屏障理论开创了农作物根茎病害防治的理论与技术新篇章。

植物基因型在很大程度上影响着生活在植物周围的微生物群落结构特征。大量植物合成的有机物通过根系分泌到土壤中，影响生物屏障。根系分泌物的作用有识别病原菌、分泌特殊物质、召集功能菌群、抑制病原菌等，根系分泌的有机物能刺激土壤病原菌的增殖而抑制有益菌的增殖。一些分泌物虽无自毒作用，但可协同病虫害的发生，提高病原菌数量，使土壤毒素含量上升，从而对生物屏障产生毒害作用。植物基因型是一个非常关键的因子，决定着一种微生物能否作为有益微生物有利于植物或有害于植物，如果寄主植物与一种有益微生物不能相互适应生长，那么环境中的微生物将不能有利于植物健康。有研究表明，有9种根系分泌物会对根际微生态产生一定的影响，其中最为典型的是肉桂酸。肉桂酸处理后真菌群落多样性与丰富度下降，优势菌属由对照的14、13 种降为 5 种，分别为镰刀菌属 *Fusarium*、曲霉属 *Aspergillus*、木霉属 *Trichoderma*、毛壳菌属 *Chaetomium*、青霉菌属 *Penicillium*。进一步的研究表明，根系分泌物有机酸（肉桂酸），能够显著地提高青枯病发生程度，采用哈茨木霉能够有效地降解土壤中的有机酸含量，降低青枯病的发生程度，这为采用菌剂调控微生态，提升生物屏障功能提供了依据（李石力，2017）。

此外，也有研究表明，土壤硝态氮含量增加，而有机质、速效磷、有效态锌、铁出现耗竭缺失，会造成土壤养分比例失调，土壤质量退化，影响生物屏障结构的完整性。此外，影响植物生物屏障形成的因素还包括化学投入品（化肥、化学农药、地膜）、品种、耕作措施（起垄、培土、揭膜、打顶）、有机肥施用以及干旱与浇水。因此，构建强有力的生物屏障体系需要考虑多因子的联合作用（Berendsen et al.，2012）。

第三节　蔬菜作物根际生物屏障的特征

一、根际生物屏障的组成特征

2018—2019 年，微生态调控防治蔬菜连作病害关键技术创建与应用项目组以辣椒为模式作物，系统性地对重庆辣椒种植区域发病与健康土壤样品进行采集，借助现代微生物组学、分子生物学和土壤分析测试技术，在门、目和属等分类水平上对辣椒的土壤微生物结构组成进行了描述，采用微生物组学测序技术分析了土壤与根内微生物组特征，解析了辣椒根围、根际、根内微生物组在门和属水平上的组成特征及空间距离分布情况（图 4-1/彩图 9）。

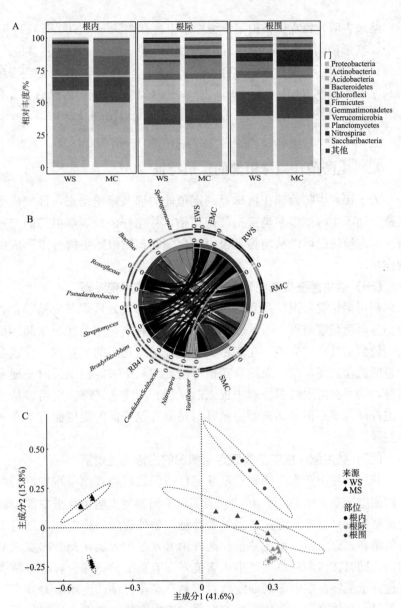

图 4-1 根围、根际、根内微生物组在门（A）和属水平（B）上的
组成特征及空间距离分布情况（C）

结果表明，每克辣椒根围土壤样本中含有 3 200～5 700 个 OTUs，其中 α-变形菌纲 α-proteobacteria 和放线菌纲 Actinobacteria 占 42％～75％；每克根际土壤样本中含有 4400～7300 个 OTUs，其中 α-变形菌纲和 γ-变形菌纲 γ-proteobacteria 占 34％～62％；每克根内样品中含有 700～1 800 个 OTUs，其中 α-变形菌纲和 β-变形菌纲 β-proteobacteria 占 51％～84％。

二、生防菌在植株根部的定殖特征

为了探究生防菌株在植株上的定殖能力以及定殖动态，孙成成等系统评估了生防菌多粘类芽孢杆菌与枯草芽孢杆菌在烟草根部的定殖情况。定殖情况可以从趋势上说明益生菌在植物根际生物屏障形成中的作用。

（一）益生菌在根基部表面定殖情况的扫描电镜观察

利用多粘类芽孢杆菌和枯草芽孢杆菌菌悬液处理烟草根基部，表面扫描电镜观察结果（图 4-2）表明，不同种类生防菌在根基部表面的定殖数量具有差异性，在多粘类芽孢杆菌处理组的根基部，发现有少量的菌在表面定殖，而枯草芽孢杆菌处理组中未能在视野内发现定殖菌，同时在清水对照处理中也未能发现有菌定殖，综合表明多粘类芽孢杆菌能够在根基部表面定殖且与枯草芽孢杆菌的定殖能力具有显著差异。

（二）益生菌在根中部表面定殖情况的扫描电镜观察

利用多粘类芽孢杆菌和枯草芽孢杆菌菌悬液处理烟草根中部，表面扫描电镜观察结果（图 4-3）表明，不同种类生防菌在根中部表面的定殖数量具有差异性，在多粘类芽孢杆菌处理组的根中部发现有少量的菌在表面定殖，而在枯草芽孢杆菌处理组中未能在视野内发现定殖菌，同时在清水对照处理中也未能发现有菌定殖，综合表明多粘类芽孢杆菌能够在根中部表面定殖且与枯草芽孢杆菌的定殖能力具有显著差异；总体来看，多粘类芽孢杆菌在根中部的定殖能力比根基部强一些。

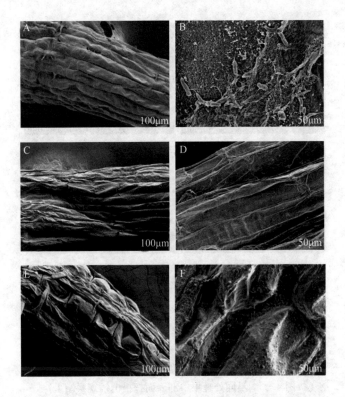

图 4 - 2 不同处理根基部表面扫描电镜观察结果

注：A、C、E 为 $100\mu m$ 焦距下多粘类芽孢杆菌、枯草芽孢杆菌和清水对照处理的辣椒根基部表面，B、D、F 为 $50\mu m$ 焦距下多粘类芽孢杆菌、枯草芽孢杆菌和清水对照处理的根基部表面。

（三）益生菌在根尖部表面定殖情况的扫描电镜观察

利用多粘类芽孢杆菌和枯草芽孢杆菌菌悬液处理烟草根尖部，表面扫描电镜观察结果（图 4 - 4）表明，不同种类生防菌在根尖部表面的定殖数量具有差异性，在多粘类芽孢杆菌处理组的根尖部发现有大量的菌在表面定殖，而在枯草芽孢杆菌处理组中有少量的菌在根尖表面定殖，在清水对照处理中未能发现有菌定殖，综合表明多粘类芽孢杆菌和枯草芽孢杆菌能够在根尖部表面定殖，但两种菌的定殖能力具有差异性。

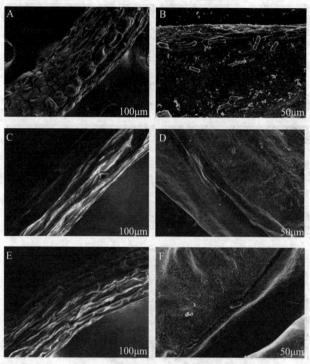

图4-3　不同处理根中部表面扫描电镜观察结果

注：A、C、E为100μm焦距下多粘类芽孢杆菌、枯草芽孢杆菌和对照处理的辣椒根中部表面，B、D、F为50μm焦距下多粘类芽孢杆菌、枯草芽孢杆菌和对照处理的辣椒根中部表面。

综上所述，多粘类芽孢杆菌在植物根部的定殖能力比枯草芽孢杆菌强；在根尖的定殖能力大于在根中部的定殖能力，而在根中部的定殖能力又大于在根基部的定殖能力。说明，根尖由益生菌形成的生物屏障要强于根中部和根基部。

三、益生菌在植株根、茎、叶部定殖情况的动态规律分析

定量PCR结果显示多粘类芽孢杆菌和枯草芽孢杆菌在辣椒不同部位的定殖数量不同，不同部位菌数量随着时间的变化而变化且呈现出不同的变化特征。

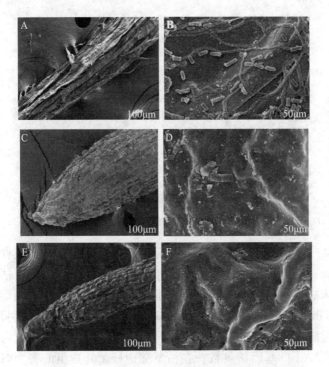

图 4-4　不同处理辣椒根尖部表面扫描电镜观察结果

注：A、C、E 为 100μm 焦距下多粘类芽孢杆菌、枯草芽孢杆菌和对照处理的辣椒根尖部表面，B、D、F 为 50μm 焦距下多粘类芽孢杆菌、枯草芽孢杆菌和对照处理的辣椒根尖部表面。

　　图 4-5 为在烟草根部定殖的多粘类芽孢杆菌和枯草芽孢杆菌数量变化规律。试验结果表明，两种菌都能在根部定殖，但定殖数量和能力具有明显差异。相较于枯草芽孢杆菌，多粘类芽孢杆菌定殖量更多，多粘类芽孢杆菌定殖量呈现出一个先增加后降低随后又增加的趋势，菌剂处理后 1d 定殖量最大，为每克根组织 1.78×10^{11} 基因拷贝数，22d 又出现一个小的峰值，为每克根组织 3.55×10^{8} 基因拷贝数。枯草芽孢杆菌菌液处理后菌定殖量不断增加，处理后 5d 出现峰值，为每克根组织 1.46×10^{10} 基因拷贝数，低于多粘类芽孢杆菌定殖量，且定殖时间慢于多粘类芽孢杆菌。

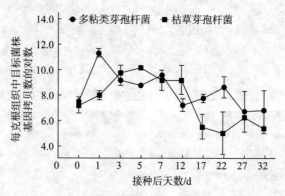

图 4 - 5　烟草根部两种有益菌数量动态曲线

　　图 4 - 6 为在烟草茎部定殖的多粘类芽孢杆菌和枯草芽孢杆菌数量变化规律。结果显示，多粘类芽孢杆菌能够在茎部定殖，而枯草芽孢杆菌则未能检测到。多粘类芽孢杆菌在处理后 1d 定殖量不断增加，在处理后 7d 定殖量出现峰值，为每克茎组织 4.27×10^{11} 基因拷贝数，随后定殖量降低，之后呈现出平稳的趋势，处理后 32d 定殖量为每克茎组织 1.02×10^{9} 基因拷贝数。在枯草芽孢杆菌处理组的各个时期，均未检测到菌量的变化。

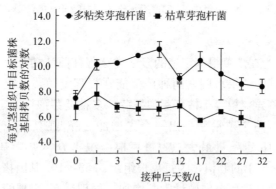

图 4 - 6　在烟草茎部两种有益菌数量动态曲线

　　图 4 - 7 为在烟草叶部定殖的多粘类芽孢杆菌和枯草芽孢杆菌数量

变化规律。结果显示，多粘类芽孢杆菌能够在烟草叶部定殖，而枯草芽孢杆菌则未能检测到。多粘类芽孢杆菌在处理后 1d 定殖量不断增加，在处理后 3d 定殖量出现峰值，为每克叶组织 3.80×10^{10} 基因拷贝数，随后出现降低后又上升的趋势，处理后 32d 定殖量为每克叶组织 7.41×10^5 基因拷贝数。

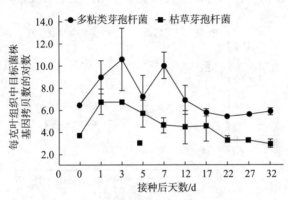

图 4-7　烟草叶部两种有益菌数量动态曲线

四、多粘类芽孢杆菌与青枯菌竞争作用及早期定殖对青枯病发生的影响

为了探究多粘类芽孢杆菌与青枯菌在植株根部的定殖竞争，系统测定了相同时间处理下多粘类芽孢杆菌和青枯菌的烟草根部定殖量随着时间的动态变化。结果显示（图 4-8），在青枯菌存在的条件下多粘类芽孢杆菌定殖数量，与单一接多粘类芽孢杆菌处理组相比，具有显著差异性，在接种青枯菌的条件下多粘类芽孢杆菌在烟株根部定殖量呈现出不断降低的趋势，处理后 1d 烟草根部多粘类芽孢杆菌定殖数量为每克根组织 3.72×10^9 基因拷贝数，到处理后 17d 多粘类芽孢杆菌定殖数量为每克根组织 2.70×10^5 基因拷贝数。与单一接多粘类芽孢杆菌处理组相比，青枯菌存在条件下多粘类芽孢杆菌定殖数量明显降低，表明青枯菌对多粘类芽孢杆菌定殖能力有抑制作用。青枯菌在烟草根部的定殖量前期随着时间的增加也不断地降低，在处理后 5d，当青枯

菌的定殖量与多粘类芽孢杆菌的定殖量相近时，青枯菌的量会出现一个逆转并开始增加，在处理后 7d 出现峰值，为每克根组织 5.62×10^7 基因拷贝数，随后逐渐降低。在处理后 17d 青枯菌定殖量为每克根组织 7.24×10^5 基因拷贝数。出现峰值的原因可能是没有了多粘类芽孢杆菌的竞争作用，青枯菌定殖数量开始增加。之后，随着青枯菌数量的增加，青枯菌群体内部由于营养竞争作用出现定殖数量降低的趋势。

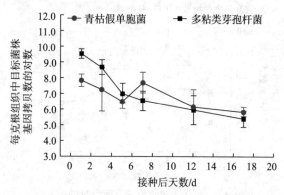

图 4-8　烟草根部多粘类芽孢杆菌与青枯菌定殖数量的变化

　　根据以上情况，可以得出以下结论：第一，有益菌在植株的根、茎、叶中均能够定殖，呈现先升高后降低，然后逐渐稳定的趋势。多粘类芽孢杆菌在根、茎、叶的稳定定殖量为每克组织 6.35×10^8 基因拷贝数、1.02×10^9 基因拷贝数、7.41×10^5 基因拷贝数。证实了有益菌可以在根际、根内稳定定殖，构建出强大的生物屏障。第二，明确了有益菌多粘类芽孢杆菌能够有效地在植株根基部、根中部、根尖部定殖，其定殖量表现为根尖部＞根中部＞根基部，定殖规律表现为优先根尖定殖，逐渐向根中部、根基部扩散定殖。第三，明确了有益菌多粘类芽孢杆菌早期定殖可以快速占领根部定殖位点，形成对青枯菌的竞争优势，降低病原菌定殖数量与病害发生风险。说明有益菌在根部早期定殖是形成生物屏障的关键，也是益生菌控制根茎病害的重要前提。这些研究结果对于早期应用益生菌控制根茎病害具有重要的指导意义。

第四节 生物菌剂对土传病害的防治及微生态效应

由于微生物群落之间的相互作用，只有较强的群落多样性才能增强土壤微生物对病原入侵的抵抗力。有益微生物菌剂对连作病害的防治主要通过调节土壤和根际微生物群落起作用。生防菌剂通过直接或间接作用改善植物生长，且直接或间接保护植物免受生物或非生物胁迫，迄今为止这些研究都表明施用生防菌剂能大大提高蔬菜的抗病能力和增产能力。因此，利用拮抗菌剂、微生物代谢产物、微生物有机肥等来调控土壤生态平衡显得十分迫切，已经逐渐成为生物防治类研究的突破性技术。施用微生物有机肥料不仅能增加细菌的丰富度和多样性，改变土壤真菌、细菌的相对丰度，还能对病原物的防控起到直接作用。施用微生物菌肥，能重塑土壤微生物组，从而达到防治病原物侵染的目的（刘烈花，2021）。

一、生防菌对根际微生物群落结构多样性的影响

对 2000—2017 年关于微生物群落多样性的试验进行统计分析发现，微生物群落结构多样性在驱动植物健康生长中发挥着必不可少的作用，且土壤中微生物群落多样性水平与土传病害的发生水平呈负相关性。植物根际微生物群落多样性越高，其对病原体入侵的抵抗力会越强。有研究通过施用含有解淀粉芽孢杆菌和木霉菌的生物肥料于土壤中，发现生防菌剂不仅能发挥良好的防病效果，而且能增加潜在有益微生物群落的相对丰度（Xiong et al.，2017），该结果还证明了微生物菌剂能与土著微生物发挥协同效应。施用沙雷氏菌 Serratia ply-muthica 4 周后可显著改变生菜的根际微生物群落结构，提高微生物群落的均匀度。宿燕明（2011）的研究表明，施用多粘类芽孢杆菌，可以在不同程度上改变微生物群落结构、微生物总量及真菌和细菌的数量，使有益微生物的数量增加，有害微生物的数量减少。早期研究者还发现，接种 15 种菌剂对寄主植物的防控作用比只接种单一菌剂要更好（Irikiin et al.，2006），即复合微生物菌剂的有效开发与利用能显

著抑制病原物的入侵与繁殖。在具体的防病应用上，使用枯草芽孢杆菌 XF-1 后，大白菜不同生长时期的根际微生物群落结构均发生改变，土壤微生物群落的功能多样性得到显著的提高，对十字花科根肿病具有较好的控制效果（Liu et al.，2018）。

二、生防菌对根际微生物功能多样性的影响

土壤微生物群落组成的变化常常伴随着微生物功能特性的改变，同时，土壤微生物组介导了关键的土壤生态功能，例如有机物分解、养分矿化、植物抗逆性和对重金属的抗性等。西瓜不同的连作方式导致土壤羧酸类、氨基酸类、聚合类、胺类化合物的代谢利用率发生显著变化（Wang et al.，2019）。但是，微生物群落结构的变化并不总能改变微生物功能进而提高作物生产力，实际上由于微生物的功能固化，土壤微生物量的增加反而会降低植物对营养物质的利用率（Lazcano et al.，2013）。土壤微生物的功能多样性是土壤微生物多样性的一个方面，涵盖了一系列生理生化活动。微生物多样性与土壤功能之间的关系在很大程度上尚不清楚，但可以肯定的是微生物多样性会影响生态系统的平衡，对植物生产力和抵抗力都存在明显影响。通过增强土壤中微生物群落的功能多样性，可以达到抑制病原微生物的目的。功能多样性更高的群落对病原物入侵具有更强的抵抗力，因为营养结构相对稳定的群落在微生物群落中起主导作用（Wei et al.，2015）。

三、生防菌在病害防控中的应用

生防菌因其具有无毒性、无害性、无抗药性等诸多优点，在植物病虫害防控中发挥着越来越重要的作用。其中，细菌类生防菌是促进植物生长和增强其生产力最丰富的物种，要么自由地生活在根际，要么在根部组织的细胞间和细胞内生活，与植物形成紧密的共生关系。假单胞菌属 *Pseudomonas*、芽孢杆菌属 *Bacillus*、类芽孢杆菌属 *Paenibacillus* 等在土传病害的应用和研究中较为常见。真菌在有机物分解和养分循环中起着重要作用，其中木霉属 *Trichoderma*、拟青霉属 *Paecilomyces* 等是生物肥料和生物农药领域研究最广泛的物种。有

研究报道称，复合类生防菌剂已经可以成功控制由真菌、细菌和线虫所引起的土传病害（Niu et al.，2020）。

大量研究表明，长期的农业管理措施会影响根际微生物的组装（Paul Chowdhury et al.，2019），而特定的管理措施能招募到寄主植物所青睐的微生物物种，这有助于改善根际区域的养分循环（Schmidt et al.，2019）。

研究表明，土壤微生物群落是影响植物生长健康的重要因素，合理的群落结构有助于植物对土壤中养分的吸收，增强其对非生物胁迫的耐受性，并保护宿主植物免受病原体的侵染（Berendsen et al.，2012；Bulgarelli et al.，2013）。因此，构建一个平衡的根际微生物群落将在植物和病原物的相互作用中发挥至关重要的作用。土传病害入侵导致根际微生物群落组成和结构发生改变，同时也为生物屏障的构建打下基础（Erlacher et al.，2014）。目前，通过综合农业措施来调控植物根际土壤微生物的组成已经能有效抑制烟草青枯病（Wu et al.，2014；Liu et al.，2016）、烟草黑胫病（Kyselková et al.，2009）、棉花枯萎病（Li et al.，2015）、香蕉枯萎病（Zhou et al.，2019）等土传病害的发生。

四、合成菌群的概念和作用

按一定比例混合一些微生物用于研究微生物内部互作关系，以及微生物与宿主互作关系，乃至发挥不同的功能以实现对病害控制的人工构建的微生物组合被称为合成菌群。在验证自然土壤条件中的根系微生物组装模式，研究不同环境条件下根系微生物群落对植物的适应性，研究植物与土壤微生物互作过程中一些病原微生物的演替规律和发病过程时，利用合成菌群构建微生物组能够更切合土壤环境的实际情况，也能更好地揭示应用益生菌控制土传病害的机制。

近年来，合成的微生物组被应用到了病害控制上，取得了重要进展和初步成功。例如将多粘类芽孢杆菌、枯草芽孢杆菌、地衣芽孢杆菌、巨大芽孢杆菌等一些芽孢菌组合成促进苗子健康生长的菌剂组合，获得了优化早期根际生物屏障的成功，在抵御青枯病菌和根肿病菌对寄主植物的侵害上发挥了重要作用。

调控根际微生态控制连作病害的技术创新

第一节 土壤酸碱平衡及调控技术

连作造成最大的问题是影响了土壤的酸碱平衡，从而造成严重的土壤问题，导致植物的健康生长受到影响，引起根茎病害的发生。土壤酸化是最为重要的连作障碍问题。

各种作物生长对土壤酸碱度（pH）的适应能力是有限的。各种养分在植物生长吸收过程中的有效性与土壤 pH 密切相关。在 pH 低于 5 的土壤中，磷酸因与铁、铝离子结合为溶解度低的磷酸盐而降低有效性，1 价和 2 价阳离子（如钾、钙、镁等）被氢离子从土壤胶体上取代到土壤溶液中，作物因其流失而缺素；同时，铜、锌、锰、硼等微量元素的溶解度增大，引起毒害。在酸性土壤中，豆科作物因根瘤菌生长弱而发育不良，十字花科植物易生根肿病，茄科作物易感染青枯病。在 pH 高于 7.5 的土壤中，水溶性磷与钙结合成难溶性磷酸盐，被固定；同时，铁、锌、硼、锰等微量元素的有效性降低，从而引起相应的缺素症。

当土壤 pH 超出作物适宜生长的范围，将对农产品的产量和质量产生明显的不利影响，造成生长不良、死苗、减产，甚至绝产，给蔬菜生产造成严重损失。同时，由于产生了吸收障碍，土壤中的肥料残留增多，既浪费了肥料，又污染了土壤和农产品。

一、酸性土壤产生原因及调控

酸性土壤产生原因主要有以下几种。例如，长期大量施用生理酸性化学肥料，加之连作土壤及棚室内温湿度较高，受自然降水淋溶作用少，耕层土壤中酸根积累较多；土壤中的钾和中微量元素消耗过度，土壤不断趋于酸化；保护地栽培蔬菜复种指数较高，有机肥料施入不足，导致土壤中有机质含量下降，缓冲能力越来越低；高浓度氮、磷、钾三元复合肥的施入量过多，钙、硫、镁和锌、铁等中微量元素肥料施入量不足而导致土壤养分失调，使土壤胶粒中的钙、镁等碱基元素很容易被氢离子置换。

酸性土壤环境较易滋生真菌和线虫，导致根际病虫害增加且防治困难。土壤结构劣化、理化性状变差、板结黏重，将使蔬菜根系生长发育受阻，影响蔬菜产量和品质。酸性土壤环境可致多种重金属元素活化而被作物吸收，既影响作物正常生长，又影响产品质量安全和消费者的健康。

酸性土壤调控措施有以下几种。

第一，增施有机肥料。有机肥料既可增加土壤中的有机质含量，提高土壤对酸化的缓冲能力，使土壤 pH 升高而趋于中性，还能增加土壤中的养分含量，改善土壤结构，促进土壤有益微生物的繁衍和活动，抑制病害的发生。

第二，施用配方肥。据测定，蔬菜对氮、磷、钾的需求比例一般为 1∶0.3∶1.03，而调研结果显示，当前保护地蔬菜施肥时一般表现为偏氮、富磷和缺钾。因此种植蔬菜时，应特别注重钾素肥料的施用，酌情施用中微量元素，要着力推广施用有机无机复合肥，促使养分协调平衡，抑制土壤酸化。

第三，施入土壤酸化改良剂。根据土壤酸化情况适量施入酸化土壤改良剂可中和土壤酸性，提高土壤 pH，改变土壤酸化状况，且能为土壤补充中微量元素，促进土壤营养与微生态平衡，显著改善土壤退化与生态失衡。针对线虫发病区域，采用重庆西农植物保护科技开发有限公司开发的牡蛎钙进行撒施，用量为每亩 100kg，可以有效控制植株根结线虫，防治效果超过 60%。针对青枯病发生区域，采用牡蛎钾进行撒施，根据土壤 pH 调整用量，5.0＜pH＜5.5 时，每亩用量 50～100kg；4.5＜pH＜5.0 时，每亩用量 100～200kg。与对照相比，应用土壤改良剂可使 pH 提升 0.3～0.6，效果可持续 120d 以上，显著降低交换性氢离子与交换性铝离子的含量，提高交换性钙与镁的含量（表 5-1），对青枯病的防控效果超过 65%。

表 5-1　不同土壤酸化改良剂处理的土壤交换性阳离子含量

处理	pH	交换性酸含量（cmol/kg）			交换性钙离子含量/（mg/kg）	交换性镁离子含量/（mg/kg）
		交换性氢离子	交换性铝离子	总量		
硅肥	5.45a	0.29bc	0.93a	1.21a	689.89a	52.25a
黄腐酸钾	5.00b	0.25ab	3.79b	4.04b	582.89b	45.45b
牡蛎钾	5.72c	0.16a	0.39a	0.56c	1 011.59c	64.97c
生石灰	5.43a	0.20ab	0.81a	1.01a	1 011.21c	61.01c
对照	5.13b	0.37c	3.44b	3.81b	689.10a	49.57ab

注：不同的小写字母表示经 Duncan 式多重比较差异显著（$P<0.05$）。

二、碱性土壤产生原因及调控

中性至碱性的土壤反应不再受氢离子和铝离子的控制。它们多是盐基饱和的，其胶体上没有交换性的氢离子和铝离子或羟基铝离子等，主要是碱金属或碱土金属离子。土壤反应主要由溶液中的碱或胶体表面的碱金属或碱土金属的阳离子所控制。土壤碱性的形成也与气候、生物、母质等因素及农业措施有关。碱性土壤大都分布在干旱、半干旱地区，这些地区降雨少，淋溶作用弱，使岩石矿物及母质风化释放出来的碱金属和碱土金属不能彻底淋出土体，土壤胶体表面充斥着大量阳离子。土壤溶液中也有相当数量的盐类。这些盐类经水解可产生氢氧根，使土壤溶液显碱性。

另外，生物对钾、钠、钙、镁等元素的富集作用也是土壤向碱性发展的重要原因。土壤母质的化学成分，如石灰岩母质中大量的碳酸钙，基性、超基性岩中丰富的钾、钠、钙等盐基物质，导致土壤中有较多的盐基成分，使土壤呈碱性。

碱性土壤的水溶液之所以呈碱性反应，是因为土壤溶液中弱酸强碱盐（水解性盐类）的存在，主要包括碳酸盐和重碳酸盐类，如碳酸钠、碳酸氢钠、碳酸氢钙、碳酸钙、碳酸镁等，碳酸钠、碳酸氢钠水解时，产生的氢氧根可使 pH 升高，如果土壤中这类可溶性盐分含量很高，可使土壤 pH 增高，呈强碱性，如一些碱土或碱化土。

土壤的碱性过高对作物生长十分不利。一些碱性土因其胶体上充斥着大量的 1 价钠离子，土壤的物理性状恶化，诸如通透性差，水、气、热不协调，黏性强，塑性大，耕性不良。农民形容碱土为"干时硬邦邦，湿时水汪汪"，"十年九荒"。在改良碱性土壤时，既要调节其pH 又要考虑改善其物理性状，兼而治之，才能达到改良的目的。

碱性土壤的调节主要通过以下方法：施用有机肥料，利用有机肥分解释放出大量的二氧化碳或有机酸，从而降低土壤 pH；施用硫黄/硫化铁及废硫酸或绿矾（$FeSO_4$）等；施用生理酸性肥料；对于碱化土、碱土，可施用石膏、硅酸钙，以钙将胶体上的 1 价钠离子置换下来，并随水流出土体，从而降低土壤 pH 并改善土壤的物理性状（熊顺贵，2001）。

第二节　土壤元素平衡与调控技术

土壤是植物养分元素的主要来源，土壤养分的丰缺程度直接关系到农作物的生长状况和产量水平，优质味美的蔬菜一定是从营养丰富和平衡的土壤中生产出来的。

一、土壤中植物养分元素的特性以及补充注意事项

（一）氮

土壤中几乎不能储存氮素，所以每年要施入大量氮肥才能满足植物需要，而且要多次施入。土壤中的硝态氮易随水流失，湿度大时还会发生反硝化作用分解成氮氧化物而损失掉，尤其在酸性土壤中更加严重，因此硝态氮宜在干燥、偏碱和石灰质土壤上施用。土壤中的铵态氮在干旱高温时易挥发损失掉，尤其在偏碱和石灰质土壤中更加严重，因此铵态氮应在较湿润的酸性土壤上施用。氮肥在土壤中扩散速度很快，所以氮肥可以浅施，只要溶解得快，甚至可以随水冲施。土壤中的有机质在腐烂分解过程中消耗大量氮素，因此含氮量少的有机肥或秸秆还田后以及施用生物菌肥后，应施入较多量的氮肥。

（二）磷

土壤中的磷不会随水流失，也不轻易分解挥发，但易因被土壤固定而发挥不了作用。固定磷的元素很多，有铁、铝、钙、氟、镁、锰、锌、铜等，在酸性土壤中一般被铝固定，在碱性土壤中一般被钙固定。为了防止磷被土壤固定，磷肥应开沟集中施入或与有机肥以及生物菌肥混合施入。作物对磷的需求量并不太多，还不及对钙、镁、硫的需求量，而且在土壤 pH6.5 左右、有机质丰富以及微生物活跃时，被固定的磷还会被释放出来，所以在上述条件下，不宜过多施入磷肥，否则会发生磷中毒。磷中毒常伴随钙、铁、镁、铜等缺素症的发生，此时应及时补充这些元素。

（三）钾

土壤中含有大量的钾，但有效钾含量少，不能被植物利用，因此必须施钾。植物需钾量较多，按质量是需氮量的 3 倍，因此一定要多施钾，而且作物轻易不会因为钾过量而中毒。钾不会挥发分解，可以浅施，甚至可以随水冲施。钾能随水渗入深土层被土壤黏粒吸附，所以钾肥不宜太早施入，应在植物需钾高峰期大量施入。

（四）钙

沙土含钙少，应多施有机肥及含钙肥料。在湿润的酸性土中，钙易形成碳酸氢钙而流失，应施石灰。干旱的碱性土和石灰质土不易缺钙但 pH 太高，应施入大量有机肥或酸性肥料加以改良。

（五）镁

土壤中含镁量较高，而且有效镁较多，一般不缺，但多雨地区易流失，应多施有机肥。过量施用石灰或钾肥的酸性沙土易缺镁，应施镁肥。

（六）硫

土壤中的硫多以有机态存在，并随水流动，所以表层土通常不缺硫，只要保证有机肥或含硫肥料的施入，就能满足作物需要。南方多雨的山丘易缺硫、缺钙，应施入石膏以补硫、补钙。

（七）铁

铁在土壤中含量很高。碱性土中，铁形成氧化铁或氢氧化铁，不能被植物吸收，应多施有机肥、生物菌肥或酸性肥料。石灰质土中，铁形成碳酸铁，不能被植物吸收，应多施易溶铁肥。磷、锌、锰、铜以及硝态氮的过量施入也会导致缺铁，以上肥料元素不宜过量施入。多雨淹水的酸性土中，可溶性铁大量增加导致铁过量，应施入石灰或磷肥。

（八）锌

土壤中的锌有的被土壤黏粒吸附，有的被有机质络合。被有机质络合的为有效锌，能够被植物利用，因此生产上要多施有机肥。锌与磷易发生反应而沉淀，因此磷过量易缺锌，为减少磷与锌发生反应，磷要集中开沟施入。碱性土壤中，锌形成氢氧化锌沉淀，因此碱性土壤易缺锌，应多施有机肥、生物菌肥或酸性肥。锌过量时，施磷肥或施石灰使 pH 增至 7 以上即可解除。

（九）锰

土壤中的锰一般不缺，只要施入较多的有机肥，就可满足植物对锰的需要。酸性土易发生锰过量，锰过量易导致缺钼，可施石灰加以调整。

（十）铜

土壤中的铜，多被土壤黏粒吸附或被有机质束缚，因此刚刚施入大量有机肥的土壤容易缺铜，缺铜又叫"垦荒症"。所以伴随着有机肥的大量施入，应掺入适量硫酸铜。沙土中，铜易淋失，而黏土缺铜的可能性极小。有机质少的黏土和酸土易发生铜过量，应多施有机肥和石灰加以调整，或者施磷肥和铁肥加以调整。

（十一）硼

土壤中的硼主要以非离子态的硼酸形式存在，易淋失，因此高温多湿的土壤易缺硼。有机质含量高的土壤中，有效硼的含量较高。硼在土壤中含量稍高就会导致硼中毒的发生，因此每次施硼量不宜太多。硼过量常伴随着缺钾，因此硼过量多施钾肥可以减少植物对硼的吸收。

（十二）钼

土壤中的钼含量极低。酸性土中，钼易被土壤固定，而碱性土中有效钼含量较高。干旱低温降低钼的流动，高温多湿能增强钼的流动。

磷、镁和硝态氮促进植物对钼的吸收，而铜、锰、硫和铵态氮抑制植物对钼的吸收，所以在豆科植物种植中应多施磷和镁，少施铵和硫。土壤中的钼含量一般不会过量，但施用钼肥过量会导致食草动物中毒，可施用硫酸铜以抑制植物对钼的吸收。

（十三）氯

地下水位高、排水条件差的土壤易发生氯过量，此类土壤不能施氯肥。氯过量时，可大水漫灌使氯流失，也可施石灰减轻氯过量危害。

二、蔬菜地营养元素的状况分析

蔬菜地营养状况不好可导致以下几个方面严重的问题。

一是过量施氮造成土壤中和蔬菜产品中硝酸盐含量过高，蔬菜品质和风味下降。

二是大量元素氮、磷水溶性肥料的过量增施，导致面源污染、地下水营养过量，加剧污染。

三是养分不平衡易造成土传病害和叶斑病害发生。蔬菜中经常会出现吸氮过多和吸磷过多导致的营养不平衡症。氮肥过多，导致细胞脆弱，很容易发生叶斑病害；磷的大量富集，会导致植物缺锌、锰、铁、钙等，引起植物的缺素症，缺素症又诱发植物抗性的下降，导致植物很容易遭受侵染性病害的侵袭，引发病毒病、根腐病等。

四是施肥时一般只考虑作物的需肥特点，很少考虑土壤状况以及前茬作物的状况，也容易导致肥料的浪费和营养的不平衡。

三、营养平衡施肥技术

（一）注意元素的比例协调

一方面，要协调氮、磷、钾养分的比例，根据蔬菜的需肥特点和规律平衡施肥，促进作物产量和品质的提高，提高肥料的利用率；另一方面，要及时评估土壤肥力状况，关注连作情况，确保土壤养分的收支平衡，维持和提高土壤肥力，降低对环境的污染。

（二）要特别关注微量元素

一般植物对微量元素的吸收来自土壤，但受栽培措施、土壤条件限制，在干旱、高温、土壤酸化等现实情况下，尽管土壤中微量元素不缺，但植物仍难以吸收。这时，采用叶片喷施微量元素的方法就能很好地解决问题。

（三）避免元素之间的拮抗作用

大多数元素之间因为电荷作用互相拮抗，影响各自的吸收和发挥作用。因此，要注意增施有机肥，在综合的有机肥中，营养元素比较平衡，也有利于作物吸收。此外，螯合态的元素可以避免元素之间的电荷影响，更有利于作物的吸收和利用。因此，叶面补充微量元素时，重点不在于元素种类的多少，而在于作物能不能吸收利用，选用优质的螯合态微生元素产品就显得十分重要。

第三节　土壤菌群结构与调控技术

一、土壤的有益微生物菌群

土壤中的有益微生物菌群可分为以下几类。

固氮菌群：固定自然界中的氮分子作为氮源，提高肥力。

硝酸菌群：转变有毒氨气为硝酸态氮，供植物吸收。

溶磷菌群：解开土壤中的不溶性磷酸盐，转为磷、铁、钙肥。

酵母菌群：制造维生素、生长促进素，分解有机物，增强抗病力。

乳酸菌群：分泌有机酸，提高植物抗病力。

光合成菌群：制造葡萄糖，分泌类胡萝卜素，消除硫化氢、氨气（解毒造肥）等有毒物质。

放线菌群：长期分泌抗生物质，抑制病害。

生长菌群：长期分泌植物生长激素，促进根、茎、叶生长。

土壤中除了有益微生物之外，也有病原微生物同时存在，这些微生物同样会利用有机质来大量繁殖，其结果除了造成作物的病害之外，还会招来虫害与蚊蝇。因此，有机物的施加必须配合有益微生物来对抗病原微生物才能有助于作物。

土壤有益微生物的种类越多越好。多糖类可被小麦中的某些细菌分解为单糖，这些产物（单糖）又成为酵母菌的食物，酵母菌分解利用单糖转化为酒精，而酒精则又适合醋酸菌的生长，被醋酸菌利用之后，最终转化为醋酸。酵母菌发酵时，产生的废气（二氧化碳）又被光合成细菌取用，成为制造葡萄糖的原料。微生物群如此相辅相成地生活在一起，因此施用微生物时，单一菌种的施用，其效果远不如综合微生物群的施用。

植物体的结构包括根、茎、叶、花、果实，事实上植物体的表面穿着一件由微生物组合而成的"外衣"。在土壤中根的表面周围约 5cm 的范围内，围绕着高密度的微生物，称为"根圈菌"。植物通过排出特有的分泌物来吸引无数的根圈菌，使得根部周围的微生物密度远超出非根部区域的土壤，生活于根圈的微生物也分泌出各种有机物，包括氨基酸、低分子糖类、核酸、生长激素及各种酵素等，这些有机物质对植物生长、生殖等生理作用有显著的效果，对农产品的品质与产量提升贡献很大。有些微生物侵入根部组织，在根内繁殖，称为菌根菌，菌根菌不会破坏根部组织，而是与根部细胞交换物质，共存共荣，促使根部活力、吸收力增强，有利于植物生长与自然抗病力的加强。在植物体表面也附着了无数的微生物，这些微生物的存在，不但能使植株强壮，还能减少病害，保护植物。

无论是土壤植物根际和叶际的菌群，还是植物体内的微生物菌群都要保持良好的平衡状态，一旦菌群失衡，轻则导致植物的生理活动紊乱，重则导致病原微生物数量大增，突破寄主植物的生物屏障，导致植物发病乃至死亡。因此，要注意保持植物的菌群平衡。

二、构建根际生物屏障的育苗基质拌菌技术

（一）育苗基质拌菌技术原理

通过在早期基质中添加微生物组合菌剂，保证种子从萌发到成苗整个阶段与有益菌相伴相生，促进有益菌早期在根际和根内定殖，构建根际微生态的平衡体系，形成强大的根际生物屏障（图 5-1）。

（二）育苗基质拌菌的操作技术

将专用育苗基质与 100g 复合菌剂（亩用量）均匀混合，进行正常播种（图 5-2）。

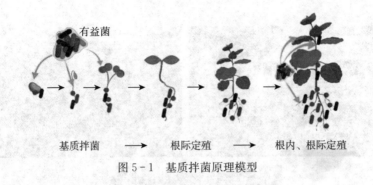

有益菌

基质拌菌 ⟶ 根际定殖 ⟶ 根内、根际定殖

图 5 - 1　基质拌菌原理模型

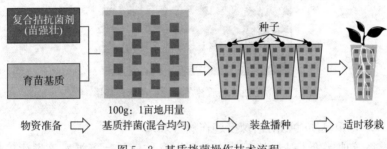

复合拮抗菌剂
（苗强壮）

育苗基质

种子

100g：1亩地用量

物资准备 ⟹ 基质拌菌（混合均匀） ⟹ 装盘播种 ⟹ 适时移栽

图 5 - 2　基质拌菌操作技术流程

（三）育苗基质拌菌技术的应用成效

1. 苗强壮基质拌菌对辣椒苗床长势的影响

基质拌菌技术能明显提高辣椒苗的生长势（图 5 - 3/彩图 10）。在采用基质拌菌技术的示范区，处理组的株高、有效叶片数分别达到了27.92cm 和 9 片，而对照组仅为 17.48cm 和 8 片，同时，示范区处理组辣椒的最大叶长、叶宽相较于对照组，均具有一定的提升（表 5 - 2）。

表 5 - 2　苗强壮基质拌菌对辣椒苗期农艺性状的影响

处理	有效叶片数/张	株高/cm	最大叶长/cm	最大叶宽/cm	叶柄长/cm	根长/cm
示范区	8.83±0.27a	27.92±0.45a	5.58±0.19a	2.65±0.09a	3.7±0.21a	9.03±0.09a
对照	8±0.23b	17.48±1.08b	3.98±0.09b	2.12±0.09b	2.07±0.08b	6.77±0.13b

注：表中数字为平均值±标准差，数字后面小写字母不同表示在 5% 的置信水平存在差异。

图 5-3　苗强壮基质拌菌对辣椒苗床长势影响

2. 育苗基质拌菌防治辣椒连作病害效果

系统地评价了基质拌菌技术对辣椒青枯病与叶斑类病害发生的影响（图 5-4），发现发病高峰期基质拌菌技术对辣椒青枯病、叶斑病、炭疽病的防效分别达到了 80.18%、46.53%、80.07%。对产、质量进行统计分析，发现基质拌菌后辣椒的亩产量最多可以增加 107.18kg，亩产值增加 621.66 元（表 5-3）。

表 5-3　基质拌菌技术对辣椒产质量的影响

处理	单株挂果数/个	单果重/g	折合亩产量/kg	实际收益数元/亩	增加产量/kg
示范区（两次）	110.80±1.60a	4.77±0.27a	607.79	3 525.20	107.18
示范区（一次）	106.30±2.23a	4.30±0.33a	525.65	3 048.79	25.04
非示范区	103.40±2.90a	4.21±0.29a	500.61	2 903.54	—

注：表中数字为平均值±标准差，数字后面小写字母不同表示在 5% 的置信水平存在差异。

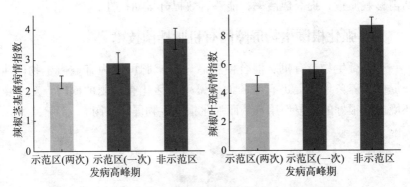

图 5-4　早期育苗基质拌菌对辣椒青枯病与叶斑病的影响

3. 基质拌菌技术对榨菜根肿病的田间控制效果

试验发现，在育苗期使用苗强壮复合菌剂，在大田时期表现出对根肿病的防控作用，使用剂量每亩 150g 和 300g 的苗强壮拌基质表现出的效果最佳，在移栽后 50d 左右达到最佳防治效果，相对防效 76.92%，之后相对防效开始下降，最终防治效果为 49.76%（图 5-5）。

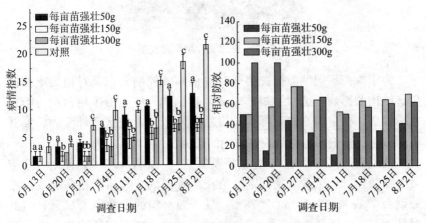

图 5-5　基质拌菌对根肿病的防治效果

基质拌菌技术具有多项优点，主要表现为：能够显著提高幼苗质量，苗壮，根系发达；能够促进作物苗期的早生快发；能够显著提高幼苗移栽质量，提高成活率；能够有效提升早期抗性。

三、强化根围生物屏障的有机肥拌菌技术

有益微生物与有机肥混合使用后，有机肥可以为有益微生物的生长提供营养条件，促进有益菌大量繁殖，活化有机肥的同时，对土壤环境也有很好的修复作用，从而强化根围生物屏障（图5-6）。

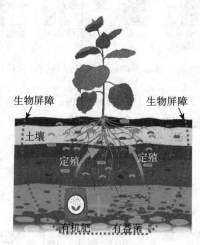

图5-6 有机肥拌菌原理模型

为了探究不同种类拮抗菌剂对青枯病的控制效果及对植烟土壤微生态结构的影响，选取了根茎康微生物菌剂、三炬微生物菌剂、哈茨木霉菌剂，在重庆石柱选择辣椒青枯病发生严重地区设计实验，展开不同微生物菌剂对青枯病控制作用的研究。

结果表明（图5-7），青枯病发病初期（6月10日），使用根茎康微生物菌剂、三炬微生物菌剂、哈茨木霉菌剂处理后青枯病的发病率分别为2.18%、2.38%、2.78%，低于对照组的发病率4.37%，但此时处理与对照间并未达到显著性差异。随着调查时间的跟进，青枯病在不断蔓延，6月24日根茎康微生物菌剂、三炬微生物菌剂、哈茨木霉菌剂处理的青枯病发病率分别达到了2.78%、3.17%、3.57%，显著低于对照组发病率6.75%。7月1日，不同微生物菌剂处理组的青

枯病发病率达到 2.78％、5.95％、4.37％，对照组青枯病发病率达到 11.51％，显著高于处理组。

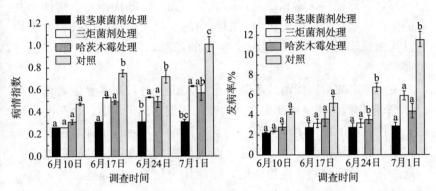

图 5-7　不同微生物菌剂施用后对田间青枯病的影响

　　由表 5-4 可知，6 月 10 日三炬菌剂和根茎康菌剂、哈茨木霉处理的防治效果分别为 45.06％、49.89％、36.09％，但随着调查时间的持续，6 月 24 日（旺长期）调查数据显示，三炬菌剂和根茎康菌剂处理的相对防治效果达到了 53.04％和 58.81％，防治效果较好。现蕾期（7 月 1 日）调查数据显示，根茎康微生物菌剂和哈茨木霉防治效果较好，相对防效达到了 75.07％和 62.03％。

表 5-4　不同微生物菌剂与有机肥混用对青枯病的防治效果

单位：％

处理	6 月 10 日	6 月 17 日	6 月 24 日	7 月 1 日
三炬菌剂处理	45.06	38.57	53.04	48.31
根茎康菌剂处理	49.89	46.12	58.81	75.07
哈茨木霉处理	36.09	30.81	47.11	62.03

第四节　植物的抗性诱导技术

一、植物代谢抗性的原理

生物体自外界摄取营养物质，以维护其生命活动，这些物质进入体内，转变为生物体自身的分子以及生命活动所需物质和能量的过程，称为同化作用。新陈代谢（简称代谢）是生物体内全部有序化学变化的总称，包括物质代谢和能量代谢两个方面。新陈代谢是生物体所共有的生命活动，是指生物体内新旧物质的交换，生物的生长和发育均通过代谢来实现。因此，代谢是生命的源泉，没有代谢就不可能有生命。

生物体内的新陈代谢并不是完全自发进行的，而是靠生物催化剂（酶）来催化的。酶是推动生物体内全部代谢活动的工具。由于酶作用的专一性，每一种化学反应都有特殊的酶参与，而且每种酶都有其调节机制。它们使错综复杂的新陈代谢过程成为高度协调和高度整合在一起的化学反应网络。生物体内，酶催化的化学反应是连续的，前一种酶的作用产物往往成为后一种酶的作用底物。这种在新陈代谢过程中连续转变的酶促产物统称为代谢中间体。

新陈代谢的功能，概括起来包括：从外界环境中获得营养物质；将获得的营养物质转变为自身需要的大分子组成前体；将大分子组成前体装配成自身的大分子，例如蛋白质、核酸、脂类以及其他组分；形成或分解生物体特殊功能所需的生物分子；提供生命活动所需的一切能量。

初生代谢存在于所有植物中，是维持细胞生命活动所必需的过程，是新陈代谢的核心部分。初生代谢与植物的生长发育和繁殖直接相关，是植物获得能量的代谢，是为生物体的生存、生长、发育和繁殖提供能源和中间产物的代谢。初生代谢包括分解代谢（降解作用）和合成代谢（合成作用）两个方面。

生物体将有机营养物（如糖类、脂质、蛋白质等）转变为较小的、较简单的物质（如二氧化碳、乳酸、氨等）的过程为分解代谢，又称异化作用；生物体利用小分子或大分子的组成前体建造成大分子的过程为合成代谢，又称生物合成。将小分子建造成大分子，使分子结构变得更为复杂，这种过程需要能量。生物体的一切生命活动都需要能量，例如生长、发育，包括核酸、蛋白质的合成等都需要消耗能量。没有能量来源，生命活动就无法进行，生命也将停止。

太阳能是所有生物最根本的能量来源。具有叶绿素的生物在进行光合作用的过程中，将光能转化为化学能。也就是说，绿色植物及藻类，可以通过光合作用将二氧化碳和水合成为葡萄糖，通过化学过程，将太阳能储存在葡萄糖分子中。生成的葡萄糖则进一步通过不同的途径（糖酵解—柠檬酸循环途径和磷酸戊糖途径）代谢，产生三磷酸腺苷（ATP，在分解代谢中，起捕获和储存能量作用）及辅酶Ⅰ等维持植物肌体生命活动不可缺少的能量物质，以及丙酮酸、磷酸烯醇式丙酮酸、4-磷酸-赤藓糖、核糖等。核糖为合成核酸的重要原料；磷酸烯醇式丙酮酸与 4-磷酸-赤藓糖可进一步合成莽草酸；而丙酮酸经过氧化、脱羧后生成乙酰辅酶 A，再进入柠檬酸循环，生成一系列的有机酸及丙二酸单酰辅酶 A（为合成脂质的重要原料）等，并通过固氮反应得到一系列的氨基酸（为合成肽及蛋白质的重要原料）。这些代谢过程对维持植物生命活动来说是不可缺少的，几乎存在于所有的绿色植物中，所以称之为初生代谢过程。糖、蛋白质、脂质、核酸等这些对植物体生命活动来说不可缺少的物质，则称为初生代谢物。

植物次生代谢的概念最早于 1891 年由 Kossei 明确提出。植物通过次生代谢途径产生的物质称为次生代谢物。从进化角度考虑，基于初生代谢基础之上的次生代谢及其产物是植物在长期进化过程中与生物和非生物因素相互作用的结果，并通过不同次生代谢途径而产生。由于植物的次生代谢是相对于初生代谢而言的，是释放能量的代谢，是以初生代谢的中间产物作为起始物（底物）的代谢。所以，在论述植物次生代谢与调控时，首先需要阐明植物的初生代谢途径及其关键的中间产物。

在特定的条件下，一些重要的初生代谢产物，如乙酰辅酶 A、丙二酸单酰辅酶 A、莽草酸及一些氨基酸等，作为原料或前体，又进一步经历不同的代谢过程。这一过程通常产生一些对生物生长发育来说无明显用途的化合物，即"天然产物"，如黄酮、生物碱、萜类、香豆素类等化合物，合成这些天然产物的过程就是次生代谢，故这些天然产物也谓之次生代谢物。

通常认为植物的次生代谢与生长、发育、繁殖等无直接关系，其产生的次生代谢物被认为是释放能量过程产生的物质。长期以来，次生代谢物被认为是代谢中不再起作用的末端产物，作为废物储藏在植物的各种组织中，虽对植物生存有重要的生态作用，但在生物体内所执行的功能并不重要。近年来研究发现，在所有旺盛生长的细胞中次生代谢物的合成和转化在不断发生。很多次生代谢物对人体有着很强的生物活性，具有特殊的医疗价值，例如，生物碱、萜类化合物、芳香族化合物等（董娟娥等，2009）。这些次生代谢物质也是植物抵御生物因子伤害的重要物质，单一作用或者相互作用形成化学屏障，构成植物的自身防御体系。从这个层面来说，植物的次生代谢及次生代谢产物对植物来说仍然是十分重要的，是植物与各类病原物协同进化的产物，没有次生代谢物的保护，植物就难以抵御生物侵扰，也很难在自然生态环境中长期存在。

二、植物的抗性诱导技术

植物产生次生代谢物的过程是可以诱导的。诱导产生一些代谢反应，诱导产生一些抗菌物质，诱导产生一些系统抗性等，是植物健康管理的重要方面。在一些情况下，植物的抗性反应会受到限制，当喷施一些刺激物质后，一些代谢途径会被激活，使植物表达出抗性的一面，这种技术被称为抗性诱导技术。

抗性诱导技术是一种安全有效的植物病害防治技术，可通过诱抗剂刺激植物免疫系统产生广谱、持久的抗病性能。其中，氨基寡糖素（又称壳寡糖）是指 D-氨基葡萄糖以 β-1,4 糖苷键连接的低聚糖低毒杀菌剂，由几丁质降解得壳聚糖后再降解制得，或由微生物发酵提取制得，对各种果树、蔬菜和大田作物的真菌、细菌和病毒病害均具有一定的防治效果。农业级壳寡糖能对一些病菌的生长产生抑制作用，影响真菌孢子萌发，诱发菌丝形态发生变异，孢内生化反应发生改变等；能激发植物体内基因，产生具有抗病作用的几丁质酶、葡聚糖酶、植保素及 PR 蛋白等，并具有细胞活化作用，有助于受害植株的恢复，促根壮苗，增强作物的抗逆性，促进植物生长发育。

蔬菜上常用的 5% 氨基寡糖素溶液，具有杀毒、杀细菌、杀真菌作用。不仅对真菌、细菌、病毒具有极强的防治和铲除作用，而且还具有营养、调节的功效。有研究证实，5%氨基寡糖素可激发苦瓜抗病免疫系统启动及苦瓜体内病程相关蛋白酶活性表达，促进次生代谢物质形成，有效增强苦瓜对枯萎病的抗性（黄熊娟等，2022）。50倍3%氨基寡糖素喷种+500倍3%香菇多糖喷施叶片对防治马铃薯疮痂病的效果理想，同时可提高产量并改善块茎营养品质（杨鑫等，2018）。0.5%氨基寡糖素水剂600倍液+0.1%S-诱抗剂水剂1000倍液处理能提高烟草对青枯病的抗性（何洪令，2020），此外氨基寡糖素对番茄晚疫病防治效果显著（孙光忠等，2014）。目前已有多个氨基寡糖素农药产品登记为植物诱抗剂，可用于防治西瓜枯萎病、烟草病毒病、番茄病毒病、水稻稻瘟病、黄瓜枯萎病、棉花枯萎病、番茄晚疫病、玉米粗缩病、梨树黑星病、小麦赤霉病、辣椒病毒病等。

东莨菪内酯是一种重要的香豆素类化合物，其化学名称为7-羟基-6甲氧基香豆素，是植物体内一种重要的酚类植物保卫素。在受到病原菌、害虫或其他植物及环境变化等因素的干扰时，植物大量合成和累积东莨菪内酯，用于防御不良因素的干扰。东莨菪内酯主要分布于菊科 Asteraceae、旋花科 Convolvulaceae、十字花科 Brassicaceae、杜鹃花科 Ericaceae、楝科 Meliaceae、茄科 Solanaceae 等多个科的植物中。东莨菪内酯是烟草体内重要的植物保卫素，在受到病原菌或者外源物质诱导时，可诱导烟草组织合成东莨菪内酯，提高抗病性（杨振国，2014）。崔伟伟（2014）研究发现，0.125g/L东莨菪内酯大田处理烟草对青枯病有较好的防治效果。

苯并噻二唑是最常用的植物诱抗剂之一，具有广谱性强、安全性高等特点，目前已在多种农作物上进行研究应用。有研究发现苯并噻二唑处理可以提高番茄植株对灰霉菌和斑萎病毒病的抗性（郑家瑞等，2022；Lopez-Gresa et al.，2013），可以提高辣椒对金色花叶病毒（pepper golden mosaic virus，PepGMV）的抗性（Trejo-Saavedra et al.，2013）。李盼盼等（2016）研究表明，苯并噻二唑通过提高抗性相关基因表达量来诱导烟草对青枯病的抗性。

目前，农业生产上应用的植物诱抗剂还有香菇多糖、几丁聚糖、低聚糖素、S-诱抗素等。香菇多糖水剂可用于防治番茄病毒病、水稻条纹叶枯病等。几丁聚糖用于防治黄瓜白粉病、番茄晚疫病、水稻稻瘟病、马铃薯病毒病、黄瓜霜霉病等。低聚糖素可用于水稻纹枯病、小麦赤霉病、番茄晚疫病、黄瓜白粉病等病的防治。

第五节　农业耕作措施预防连作病害技术

健康栽培是保障栽培作物抗御各种病害的基础。健康栽培也是最为重要的连作病害防控技术。农业耕作措施是调控根际健康，优化根际微生态的基础措施，也是保障其他措施发挥作用的关键。如果在生产上无法避免重茬，需连作栽培，可以采取以下耕作与健康栽培措施以减轻连作障碍和病害的发生。

第一，选用抗病品种。例如，设施番茄的砧木双抗（抗根结线虫、抗枯萎病）品种、茄子抗青枯病品种、黄瓜耐盐抗病品种等，在设施生产实践过程中已经得到广泛应用。

第二，加强耕作。秋天进行深翻，有的病原微生物被翻入土中能加速病残体分解腐烂，有的深埋入土中失去传染机会，表土干燥、风吹日晒、冰冻等使一部分病原物和害虫失去活力。土壤深耕还能够打破犁底层、改变土壤理化性质、提高土壤透气性、降低土壤容重、提高土壤微生物及脲酶活性、促进作物根系下扎等，同时在耕作过程中适度采用控制交通耕作方式，对降低土壤容重、促进植物水分传导吸收具有明显改善作用。

第三，清洁田园。田间杂草、残株是一些病虫初次侵染源。把初发病的叶片、果实或植株及时摘除或拔除；蔬菜采收后，把病残株烧毁或深埋，均能减轻连作病害。

第四，推广应用保护性耕作技术。保护性耕作技术是对农田实行免耕、少耕，尽可能减少土壤耕作（能保证种子发芽即可），并用作物秸秆、残茬覆盖地表，用化学药物来控制杂草和病虫害，从而减轻土壤风蚀、水蚀，提高土壤肥力和抗旱能力的一项先进农业耕作技术。

第五，平衡施肥，改良土壤。根据作物需肥规律及土壤供肥能力

（尤其是碱解氮、有效磷、速效钾和有机质含量 4 个指标）来确定肥料的种类和数量，也可根据特定需求采取针对性的化验，施肥中结合作物特定生长阶段来调整施肥配方和施肥次数，做到"控氮、稳磷、增钾、补微"。这样可使作物生长旺盛，提高蔬菜的抗病能力。

第六，嫁接。嫁接是近些年来在提高作物抗性、缓解设施连作障碍方面广泛应用、效果显著的绿色调控技术。瓜类、茄果类蔬菜嫁接防病效果十分显著，如黄瓜用黑籽南瓜作砧木嫁接能有效地预防枯萎病；嫁接对于控制茄科作物青枯病也有很好的效果。同时，嫁接能提高作物对土壤盐渍化、土壤酸碱化、养分失衡和重金属毒性等环境因子胁迫的耐受性。

第七，搞好蔬菜布局。不将互相传病的两种作物毗邻种植，更不能在重茬地块毗邻种植，例如萝卜种植在重茬的大白菜旁就容易加重病毒病。要注意调整播期，使蔬菜的发病盛期和病原物传染的致病期错开，以达到减轻病害的目的，例如大白菜适时晚播，即使在重茬地块，软腐病、霜霉病、病毒病的发生也相对较轻。

第八，高垄栽培，合理灌溉。例如，大白菜采用高垄栽培，合理浇水，即使在重茬地块，也能有效地减轻软腐病的危害；黄瓜高畦栽培，枯萎病传染概率也大大降低。

第九，科学灌溉控盐。灌溉排盐技术通过以水洗盐、盐随水走的方法将设施土壤表层的盐分带走，以降低土壤盐分累积浓度。生产实践中，采用挖沟排水、灌溉洗盐等措施，在作物生长季节，用缩短畦头、高畦深沟、接通大明沟等方式使地表水顺利排出；在休闲期大量灌水，每亩地至少灌水 $100m^3$，进行 2～3 次，以使盐分随灌溉水流出土体，达到洗盐的目的。另外，采用工程措施铺设暗管进行地下水排盐也是常用的一种修复技术，即采用双层波纹有孔塑料暗管排水洗盐，浅层暗管管顶距土表 30～40cm，灌水洗盐时耕层盐分随水由此排出；深层暗管管顶距土表 60～80cm，随水下渗底层土壤积盐由此排出（卢维宏等，2020）。

根际微生态调控产品创新

　　连作病害的发生是多种因子综合作用的结果，一般的产品和技术很难发挥作用，产品创新必须建立在微生态调控的基础上。土壤是蔬菜健康生长的基础，蔬菜连作病害的发生很大程度上是土壤环境中生物因子和非生物因子影响了蔬菜的抗性，蔬菜叶部病害的发生很大程度上也与土壤的营养供应有关，而且许多危害蔬菜生长的生物以土壤作为生存的基础。因此，为了控制这些有害生物或者创造不利于有害生物生存的环境，便需要将药剂施到土壤中，这种施药技术叫作土壤处理。用于土壤处理以控制有害生物的药剂叫土壤处理剂；用于土壤处理来调节元素供应的药剂叫土壤调理剂，主要施用在因过度使用或污染导致营养流失的土壤中；用于土壤处理来调节微生物群落组成的药剂叫作生物菌剂，主要是为了活化土壤，增加有益微生物的数量。土壤处理剂包括杀虫剂、杀菌剂、除草剂和生长调节剂等。有时候，即使一些地上部分发生的有害生物，也可以通过在土壤中施药（这些药剂通过植物根部的吸收，可以到达植株的上部），从而达到抑制一些害虫和病原菌发生的目的。内吸性杀虫剂、杀菌剂一般都可以用于土壤处理。但由于土壤环境的复杂性，特别是受土壤微生物的影响，如果要进行土壤处理，就需要认真考虑对土壤环境，特别是对土壤微生物区系产生的影响，而不是仅仅考虑对有害生物的控制。因此，土壤处理是一项相对复杂的农药应用技术。此外，由于土壤是蔬菜根系发育、营养提供、有益微生物生长的根本，调理土壤，保障土壤健康，是保障作物健康的基础。因此，土壤调理剂和生物菌剂的使用就显得十分重要。

第一节　土壤处理剂的精准使用

一、土壤处理剂的概念

用于土壤处理以控制有害生物的药剂叫作土壤处理剂，一般具有快速、高效、杀病虫谱比较广的特性，而且常常是指化学药剂。为了控制有害生物或者创造不利于有害生物生存的环境，需要将这些药剂施到土壤中，以杀灭其中病菌、线虫及其他有害生物，这种施药技术叫作土壤化学处理，土壤化学处理是避免病害大规模暴发最有效的方法之一。

针对土传病虫害的防治，可以采取种植抗性品种、轮作倒茬等农业措施，也可以采取客土法（即把严重发生病害的地块的病土换出去，换入没有发生病害的新土）、无土基质栽培、太阳能土壤消毒、夏季密闭闷棚等方法。在以上方法不能很好解决问题或没有条件采用以上方法的情况下，采用土壤药剂处理的方法消灭土壤中有害生物，是解决此类问题的一条有效途径。当然，从土壤微生态的角度出发，采用熏蒸处理（一种土壤药剂处理方法）可以杀灭各类微生物，对土壤微生物菌群造成一定的伤害，但在熏蒸后及时补充益生菌、增施有机肥可以减轻对有益菌的伤害。

二、土壤处理剂的主要类型

土壤处理剂可分为熏蒸化学药剂、非熏蒸性化学药剂两大类。

土壤熏蒸化学药剂，是指施用于土壤中，可以产生具有杀虫、杀菌或除草等作用的气体，从而在人为的密闭空间中防止土传病、虫、草等为害的一类特殊农药。土壤熏蒸剂一般在作物种植之前施用。熏蒸化学药剂包括溴甲烷、氯化苦、棉隆、威百亩、硫酰氟等。

非熏蒸性化学药剂包括施于土壤表面的触杀性处理剂，如一些拟除虫菊酯类杀虫剂和有机磷杀虫剂等，施于土壤表面即可对生存在土壤中的害虫产生杀伤作用；另一类非熏蒸性的化学药剂是土壤内处理剂，这些药剂需要施入土壤之内，如克线磷、辛硫磷、线螨磷、敌克松、多菌灵、甲霜灵等。

近年来流行的生物菌剂，是从土壤微生物区系的改良出发，全面协调各种微生物之间的关系等，施于土壤之内，不仅可以控制一些土传病害的发生，而且可以调节土壤的肥力，有利于作物对肥料的吸收和增强作物的抗病能力，促进其健康生长，如中农绿康、根茎康菌剂等。这类生物菌剂一般不属于土壤处理剂的范畴，但对土壤健康具有重要作用，在本章第四节进行单独介绍。

三、几种主要的土壤处理技术

土壤处理技术与叶面喷雾、喷粉及空间熏蒸消毒等农药施用技术不同。因为在喷粉或者喷雾处理过程中，农药扩散的介质是空气，药剂很容易在空气中扩散运动；而土壤处理过程中，药剂需要克服土壤固态团粒的阻碍作用才能与有害生物接触，因此，为保证药剂能在耕层土壤中比较均匀地分布，需要使用较大的药量，处理前需要翻整土壤，处理过程比较烦琐。

土壤处理技术按操作方式和作用特点可以分为土壤覆膜熏蒸消毒技术、土壤化学灌溉技术、土壤注射技术、土壤颗粒剂撒施技术等。

（一）土壤覆膜熏蒸消毒技术

在用熏蒸药剂处理土壤时，当气态药剂渗透到土壤中后，可以应用覆膜法有效阻止药剂迅速逸出土面，即将药剂施入土壤中后，尽快把地膜覆盖严实，以防药剂向空气中散失，这种用药技术就是土壤覆膜熏蒸消毒技术。此法是杀死土壤中有害生物的一种有效措施，因为熏蒸药剂的分子可以在土壤中扩散渗透。此法的主要缺点是用药量大，处理过程比较复杂。

为了保证熏蒸药剂在土壤中的渗透深度和扩散效果，对土壤覆膜熏蒸前的土壤处理要求比较严格，必须进行整地松土，深耕 40cm 左右并清除土壤中的植物残体，在熏蒸前至少 2 周进行土壤灌溉，在熏蒸前 1~2d 检查土壤。土壤应呈潮湿但不黏结的状态，可以采用下列简便方法检测：抓一把土，用手攥能成块状，松手后土块自由落在土壤表面能破碎，即为合适。这样做的目的是让病原物和杂草种子处于萌动状态，以便熏蒸药剂更好地发挥作用。此外，有一定水分的土壤有利于药剂挥发扩散。

土壤覆膜熏蒸消毒处理能有效控制土壤中的病原菌、线虫、地下害虫等有害生物，可以有效地防治枯萎病、黄萎病、立枯病、根结线虫病等多种土传病虫害，给植物生长创造良好的生长空间，处理后的植物生长健壮、几乎无病、无草，增产效果非常显著。

土壤覆膜熏蒸消毒技术，是一项高投入、高产出的农药使用技术，是一项操作程序比较复杂、风险比较大的农药使用技术。操作者在采用此项技术时一定要安全操作，各地农民在采用这项技术时一定要先向相关技术部门咨询。

为了减少熏蒸剂的应用，可采用土壤局部熏蒸技术，即只针对起垄覆膜的垄内进行施药熏蒸，而没有覆膜的垄间不施药，在起垄后覆膜前施药，移栽苗子前1周开孔释放毒气，之后移栽，经济高效。应用这项技术，药剂用量不仅可以减半，还可以减少操作程序，效果也不错，值得各地探索应用。

（二）土壤化学灌溉技术

土壤浇灌、沟灌、灌根、淋根等方法以水为载体把农药施入土壤。具体做法为在容器中用水稀释农药制剂，然后用水桶、喷雾装置、洒水壶等器具把药液洒施到土壤中去。其优点是操作简便，不需要特殊的设备，而且对于一些病害也有精准控制的作用。但用此技术很难把药液均匀地分散到耕层土壤中去，并且费工、费时，一般不能机械化操作。

在有条件的地区，可以采用滴灌、喷灌系统来自动、定量往土壤中施入农药，即化学灌溉技术。化学灌溉技术是指对灌溉（滴灌、喷灌、微灌等）系统进行改装，增加化学药剂控制阀和储药箱，把农药混入灌溉水施入土壤和农作物中。化学灌溉技术可以用于农业、苗圃、草坪、温室大棚中的除草、杀菌、杀虫和杀鼠等，也可用于肥料的施用。化学灌溉技术的灌溉系统中需要装置回流控制阀，防止药液回流污染水源。这种施药方法安全、经济、防治效果好。但这种施药方法常常不够精准，一些药剂会污染土壤，甚至会渗漏到土壤下面，污染地下水。

（三）土壤注射技术

采用注射设备把药液直接注射进土壤中对土壤进行消毒处理的方法，称为土壤注射技术。其中，根区土壤注射最为常见，其针对性强、节约农药、操作简便。作物定植后，为了防治青枯病、枯萎病、地下害虫、蚜虫等，可以采用非熏蒸性药剂进行植株根区处理，如多菌灵、福美双等。在作物定植后使用农药，可以采用手动注射器将药液注射到植株的根部区域，有效杀灭植株根部区域周围的病原菌、害虫、杂草，或注射便于植株根部吸收的内吸性药剂，防治茎叶部害虫。

采用根部土壤注射法时，根据不同病虫草害的防治要求，选择合适的农药品种及选择合适的农药剂型是关键。由于土壤颗粒对药剂的过滤作用，可湿性粉剂的颗粒有可能被土壤颗粒拦截而难以在土壤中扩散，尤其是质量差的制剂，更难均匀分布。乳油制剂由于含有大量的有机溶剂，药液与幼嫩的植株根部接触，易发生药害。因此，根区土壤注射药剂宜选用悬浮剂、微乳剂和水剂等。

土壤注射技术操作复杂，针对性差，应用并不广泛，但对于一些经济价值高、种植周期长的植物可尝试使用。

（四）土壤颗粒剂撒施技术

普通颗粒剂和大型颗粒剂的使用方法有所不同，分别说明如下。

普通颗粒剂的使用方法包括徒手撒施和自行设计撒布设备施药。对于接触毒性（即经皮毒性）很小的药剂来说，可徒手撒施，但仍须注意安全防护，最好戴薄的塑料或橡胶手套以防万一。而经皮毒性较大的颗粒剂则不能采用徒手撒施法，如甲拌磷、涕灭威等药剂。自行设计撒布设备施药，即就地取材，自行设计简单的撒布设备，进行颗粒撒施，例如以下两种。

塑料袋撒粒法：选用牢固的厚塑料袋，可根据撒施量决定塑料袋的大小，袋内外应保持干燥。在塑料袋的一个底角剪出一个大小适宜的缺口作为撒粒孔，孔径约1cm。把所有的颗粒剂装入袋中（此时让撒粒孔朝上，或用一片胶膜临时封住撒粒孔）。每袋所装颗粒的剂量为处理农田所需之量，便于撒粒时掌握撒粒量。如果农田面积较大，最好把颗粒剂分为几份，每份用于处理相应的一部分农田。

塑料瓶撒粒法：选取大小适当的透明塑料瓶，保持内部干燥。在瓶盖上打出 1 个孔，孔径根据所用的颗粒剂种类决定，微粒剂需用较小的孔径，以免颗粒流出太快。可预先试做，观察颗粒流速后决定孔径大小。使用时也按照处理面积所需的颗粒剂量，往瓶中装入定量的颗粒剂，加盖后即可撒施。

以上两种方法，撒粒的速度和均匀性需要操作人员掌握。把处理地块划分为若干个小区，根据小区面积预先计算好每区的撒粒量，把颗粒剂分成相应的若干份，再分别进行撒施，即可保证撒粒的相对均匀性。

大型颗粒剂（即大粒剂）的使用可以抛撒的方法。大粒剂较重，粒径常在 5mm 以上，与绿豆的大小近似，可以抛掷到很远的农田中。大粒剂的使用相对简单，但也要考虑用药均匀、避免出现药害等。

四、土壤处理剂施用需要注意的事项

（一）要注意与土壤的基本结构相结合

土壤是非常复杂的特殊环境，各地土壤的类型、土壤有机质含量、土壤颗粒组成和团粒构造、土壤水分及土壤 pH 等变化都很大，而且随着作物的种类及其生长和连作年限的增加在不断发生变化。土壤微生物是影响土壤环境的重要因素，土壤中包含大量的微生物类群，有些是寄生的，有些是腐生的，还有一些与有机或者无机化合物的代谢有关，如硝化细菌、氨化细菌等微生物的活动会改变土壤的特性和肥力。以上这些因素都会影响土壤处理剂的使用效果。

（二）要与气候状况相结合

温度、降雨等气候因素对于土壤处理剂作用的发挥有重要影响。农药在土壤中的持效期和半衰期、对地下水质量的影响、对土壤生物群落的影响，都会在所有这些因素的综合影响之下发生变化，而这些变化往往是很难预测的。因此，每次施药前都要评估气候状况，不能一概而论。

（三）要与其他技术措施相结合

土壤的施肥情况，土地的清洁卫生状况，设施农业的基本条件，操作员的技术状况等也会影响土壤处理剂药效的发挥。土壤处理剂处理后，土壤常常处于无菌或者微生物结构失衡的状况，如果不注意卫生，把病原物带入，发病将更为严重。因此，土壤熏蒸处理后，要注意卫生条件，进地要穿鞋套，农事操作要先健康地块，后发病地块等。

（四）要注意土壤处理剂的毒性和安全间隔期，避免对土壤和水体产生污染

有许多土壤处理剂的毒性比较大，在使用时，要注意避免对土壤和环境造成污染，避免对下茬的作物产生药害。使用一些容易溶解到水中的药剂时，还要注意不要对地下水和流动水产生影响。

因此，使用土壤处理剂前必须考虑当地土壤的基本情况，根据这些基本情况对所选农药的使用效果和后果建立一个初步认识。如果必须使用剧毒、高毒农药，使用前应向当地环境管理部门或农业技术部门进行必要的咨询。

（五）要注意土壤处理剂对土壤生物结构的影响

土壤熏蒸处理后，一些具有强杀伤作用的药剂会对土壤微生物和有益动物产生严重的杀伤作用。在一些区域，使用药剂熏蒸处理后，要及时添加有益微生物，或者增施发酵较好的有机肥，以保证土壤的微生态健康。

五、主要土壤熏蒸剂的精准使用技术

目前在生产上可供使用的土壤熏蒸剂种类十分有限，其中卤代物类氯化苦杀菌效果良好，氨基甲酸酯类威百亩和杂环类棉隆使用方法简单、价格便宜、低毒环保，能够杀灭土壤中的病原菌、线虫和杂草。此类药剂大众认可度高，目前已成为世界上应用较广泛的土壤熏蒸剂。

（一）威百亩

本品属于灭生性土壤处理剂，具有熏蒸作用的二硫代氨基甲酸酯类杀线虫和病原微生物的药剂，特别适用于大棚环境内的病害及病原线虫的防治。法国国家卫生安全署 2018 年 11 月宣布，将全面禁止使用各种以"威百亩"为主要成分的杀虫剂，理由是此类杀虫剂会给人体健康和环境带来危害。目前在我国还可以使用该土壤处理剂。

通用名称：威百亩（metham）

商品名称：斯美地（32.7％威百亩水剂），维博亩（32.7％威百亩水剂），适每地（33.6％威百亩水剂），线克（35％威百亩水剂）

其他名称：维巴姆，保丰收，硫威钠

化学名称：N-甲基二硫代氨基甲酸钠

化学结构式：

$$CH_3—NH—\overset{\displaystyle S}{\overset{\|}{C}}—S—Na$$

理化性状：纯品为二水合物白色结晶固体，工业品为棕黄色均相液体；易溶于水，20℃溶解度为72.2g/100mL，水溶液具有臭味；pH为8～9；微溶于甲醇，在乙醇中有一定的溶解度，不溶于大多数有机溶剂；浓溶液稳定，但稀溶液不稳定，遇酸和重金属分解，对锌和铜有腐蚀作用。

作用特点和作用机制：该药剂在土壤中降解成甲基异氰酸甲酯发挥熏蒸作用，还有一定的除草功能，处理土壤后能明显减轻杂草的危害，具有起效快、在土壤中残留时间短、不存在产品残毒问题等特点。本品具有内吸作用，抑制细胞分裂以及DNA、RNA和蛋白质的合成，还可使呼吸作用受阻，达到杀灭杂草的作用。

适于烟草、花生、番茄、水稻、马铃薯等作物线虫的防治，还对马唐、看麦娘、莎草等杂草及棉花黄萎病、十字花科蔬菜根肿病有防效。防治对象包括根结线虫病、青枯病、枯萎病及烟草黑胫病等。土壤中的病原真菌、细菌、线虫、地下害虫以及杂草都可以利用威百亩进行土壤熏蒸处理来防治。

毒性：低毒。大鼠口服毒性LD_{50}为雄1 800mg/kg，雌1 700mg/kg，兔子经皮渗透毒性LD_{50}为1 300mg/kg。对皮肤有轻微刺激，刺激眼睛。

制剂：35％、33.6％、32.7％威百亩水剂。

使用方法：

①32.7％斯美地或33.6％斯美地消毒操作方法。播种前1个月，将土壤锄松，整平，并保持潮湿，做到手握成团，落地散开。每平方米用50mL斯美地和3kg水稀释成的60倍溶液均匀浇洒于土壤表面，

让土层湿透 4cm。浇洒药液后，用聚乙烯地膜覆盖，严防漏气。如果土温高于 15℃，经过 7~10d 后除去地膜，将土壤表层耙松，使残留药气充分挥发 2d 以上即可播种或种植。如果土温低于 15℃，熏蒸时间需 15d 或更长，散毒时需要将土壤充分耙松（2~3 次），散毒时间 5d 以上。

如果是营养土，则将营养土堆成 5cm 厚，用 32.7％斯美地 50mL 和 4kg 水稀释成的 80 倍药液均匀浇洒，需湿透 3cm 以上。再覆一层土，后再浇洒药液，重复成堆后再用地膜覆盖。

②35％线克操作方法。第一种，沟施。35％线克每亩 10~20kg，兑水 800~1 000kg。在播种前 15d，先在田间开沟，沟深 16~23cm，间距 24~33cm，将稀释的药液均匀浅施于沟内，随即盖土踏实，15d 后翻耕透气，再播种、移栽。如果土壤干燥，可增加水的施用量或先浇水后施药，施药后用地膜覆盖，15d 后去膜翻耕透气，然后播种或移栽。第二种，喷洒。35％线克每亩 10~18kg，兑水 500~800kg，用喷雾器均匀洒于土壤表面，然后用喷雾器将大量的水均匀喷洒于土壤表面，使土壤表面完全湿润，最后用地膜覆盖，经过 14d 后去膜翻耕透气，即可播种。

安全间隔期：7d。

注意事项：

①本品对人畜低毒，但对眼睛及黏膜有刺激作用，施药时要注意防护，避免皮肤、眼睛与药剂接触和沾染衣服。在大棚温室中使用时，应注意通风并迅速施药，施药后迅速离开现场，如皮肤、眼睛沾染应用大量水或肥皂水洗涤。

②线克（威百亩）若用药量、施药方式不当，易发生药害，使用后须间隔 15d 以上，且播种或移栽前 2~3d 必须松土散气。

③本品要随配随用，防止药剂分解降低药效。

④线克不能与波尔多液、石硫合剂及其他含钙的农药混用，避免用金属器具包装。

⑤本剂应储存于干燥、避光、通风良好处，远离热源。

⑥使用本剂时，地温 15℃ 以上效果优良，地温低时熏蒸时间需

加长。

⑦本剂为土壤熏蒸剂，不可直接喷洒于作物。

（二）氯化苦

氯化苦是一种有警戒性的土壤熏蒸剂，可以杀虫、杀菌、杀鼠，也可用于粮食害虫熏蒸，还可用于木材防腐和房屋、船舶消毒，土壤、植物种子消毒等。氯化苦是联合国推荐的臭氧物质溴甲烷（甲基溴）替代品之一。

通用名称：氯化苦（nitrotrichloromethane, chloropicrin）

商品名称：氯化苦

化学名称：三氯硝基甲烷

化学结构式：

$$Cl-\underset{\underset{Cl}{|}}{\overset{\overset{Cl}{|}}{C}}-NO_2$$

理化性状：氯化苦外观为无色或微黄色油状液体，有催泪性，熔点为 $-64℃$，沸点为 $112℃$，不溶于水，溶于乙醇、苯等多种有机溶剂，相对密度（水＝1）1.69mg/L。危险标记为 13（剧毒品）。遇发烟硫酸可分解产生光气。燃烧（分解）产物为氯化氢、氧化氮、一氧化碳、二氧化碳。

作用特点和作用机制：氯化苦具有杀虫、杀菌、杀线虫、杀鼠作用，但毒杀作用比较缓慢。温度高时，药效较显著。有强烈的催泪作用，原液接触到皮肤，可引起红肿、溃烂。对害虫的成虫和幼虫熏杀力很强，但对卵和蛹的作用小。

毒性：属中等毒性。鼠急性经口 LD_{50} 为 $126\sim271mg/kg$。家兔经眼 500mg（24h），轻度刺激；家兔经皮 500mg（24h），轻度刺激。其蒸气沿地面扩散，有毒。

制剂：98％氯化苦液体原药。

使用方法：可用于土壤熏蒸防治土壤病害和线虫，还可用于鼠洞熏杀鼠类。也可用于熏蒸粮仓防治储粮害虫，但只能熏原粮，不能熏加工粮，熏蒸储粮时，平均粮温应在15℃以上。由于氯化苦对眼有剧烈的刺激作用，因此，施用氯化苦需用专用机械。

对于烟田土壤的处理，以125mL/m² 剂量防治土传病害；以每亩7.5kg剂量沟施防治根结线虫等。氯化苦能有效控制喙担子菌属、刺盘孢属、柱果霉属、镰刀菌属、疫霉属、须壳孢属、腐霉属、丝核菌属、轮枝菌属真菌，对土壤杆菌属细菌也有效，对地下害虫也有很好的效果。

氯化苦注射到土壤15～25cm处，48h即可杀死土壤中的真菌，防治土壤真菌的效果高于甲基溴20倍。因为氯化苦在防治根结线虫和杂草方面的效果较差，通常将氯化苦与1,3-二氯丙烯混用以提高对土壤线虫的防治效果，或者与除草剂混用以提高除草效果。

①施药时期。施药时间在播种或栽植前50d以上为好，因为覆盖熏蒸土壤需要20d，揭去覆盖物后还要等30d才能使药剂从土壤中彻底散失，否则将对种苗造成药害。

②对土壤的要求。施药前土壤要有一定墒情和土壤温度，含水量在60%左右为宜，土壤温度控制在20℃以上。

③施药方法。采用注射法，即用大型的注射器把原药（含量98%以上）注入土壤，每30cm注射1针，每针注入2～3mL，针头入土深度为15cm，然后用薄膜立即覆盖，20d后揭膜散气，再等30d后进行播种或栽植。每亩用药量一般在14～22kg。

安全间隔期：15d。

注意事项：

①氯化苦会影响种子发芽，特别在种子含水量高时影响更大，因此谷类种子不宜用本剂，豆类种子熏蒸前后应检查发芽率。

②熏蒸的起点温度为12℃，最好在20℃以上时进行熏蒸。由于氯化苦吸附力强，熏蒸后散气15～30d才能进行田间操作。

③氯化苦对人的眼睛有刺激作用，施药时动作要熟练，施药后立即盖膜，揭膜后一定要通风散气30d左右再栽种作物，如果早春地温低，可在秋后进行土壤熏蒸。

④氯化苦气体比空气重，扩散、渗透能力也不如磷化氢，因此要

在高处均匀施药。

中毒及处理：主要是急性中毒。轻度中毒时，表现为眼结膜刺激、眼有烧灼感、流泪、羞光及眼睑痉挛等，然后出现喉头干、发痒、干咳、打喷嚏等症状。深度中毒时，伴随有胸部压迫感、恶心呕吐、头痛、腹痛、腹泻、呼吸困难、发悸；眼角膜发炎、虹膜炎、瞳孔缩小、鼻黏膜和咽喉充血；心音减弱、脉搏加快、体温升高，白细胞增加，尿内可检出蛋白。更严重者出现肺水肿、肺坏疽、视网膜出血、视力减退等。液体氯化苦对皮肤有腐蚀作用，其蒸气也能导致伤口溃疡。

中毒的解救办法为硼酸或碳酸钠溶液洗眼。用氧气筒给中毒者输送氧气，直到嘴唇和四肢发生紫色的现象为止。对中毒者绝对禁止施行人工呼吸。

（三）棉隆

广谱性具有熏蒸作用的杀线虫、杀菌剂，在土壤中分解出异硫氰酸甲酯、甲醛和硫化氢，对根结线虫、茎线虫、异皮线虫等有杀灭作用。此外还有杀虫、杀菌和除草作用，因此能兼治土壤真菌、地下害虫和藜属杂草等。

通用名称：棉隆（dazomet）

商品名称：包杀灭，必速灭，Basamid

化学名称：四氧化-3,5-二甲基-1,3,5-噻二嗪-2-硫酮

化学结构式：

$$H_3C-N \overset{S}{\underset{N-CH_3}{\bigcirc}} =S$$

理化性状：纯品为白色结晶，工业品为灰绿色或褐色固体。触及王水时，易发生爆炸和着火。微溶于水。

作用特点和作用机理：本品为广谱熏蒸性硫代异硫氰酸甲酯类杀线虫剂，可兼治土壤真菌、地下害虫及杂草。易于在土壤中扩散并且持效期较长，并能与肥料混用。适用于防治蔬菜、草莓、烟草、果树、林木上的各种线虫，不会在植物体内残留。但对鱼有毒性，且易污染

地下水，取用地下水的地方慎用。

本品在土壤中分解成有毒的异硫氰酸甲酯、甲醛和硫化氢等，这些分解产物能有效地防治危害花生、蔬菜、烟草、茶、果树、林木等作物的多种线虫和土传病害。其生物活性主要与湿度有关。

毒性：属低毒杀线虫剂。原药雄性大鼠急性口服 LD_{50} 为 $420\sim588mg/kg$，兔急性经皮 LD_{50} 为 $2\,360\sim2\,600mg/kg$。对兔皮肤无刺激作用，对眼黏膜有轻微刺激作用。在试验剂量下对动物无致畸、致癌、致突变作用。对鱼类毒性中等，对蜜蜂和鸟类无毒。本品对皮肤和黏膜有刺激作用，口服大量后尚可引起中枢神经系统抑制。

制剂：98%颗粒剂、56%片剂、56%粉剂。

使用方法：为了达到最佳的熏蒸消毒效果，要求使用棉隆的土壤疏松，无大土块，深度达到 $20\sim30cm$；土壤的含水量达到饱和持水量的 $60\%\sim70\%$，即适合种子萌发的土壤湿度；土壤温度控制在 $6℃$ 以上。

土壤处理时的使用剂量。第一种，沟施：沿种植行开沟，沟深 $20\sim30cm$。每平方米用 $10g$ 必速灭，每亩用 $5\sim6kg$，集中均匀撒施在沟内，覆土后浇水再盖上塑料薄膜，$3\sim7d$ 后揭膜，松土 $1\sim2$ 次，$3\sim7d$ 后种植作物。第二种，面施：每平方米用药 $20g$ 或每亩用药 $12\sim15kg$。整平地后均匀撒施必速灭颗粒剂，之后立即翻动土壤深至 $20\sim30cm$，浇水然后覆膜，$3\sim7d$ 后揭膜，松土 $1\sim2$ 次，$3\sim7d$ 后种植作物。第三种，堆施：$100\sim250g$ 必速灭处理 $1m^3$ 的土壤或介质。以 $2\sim3m^3$ 为 1 堆，整平成 $20\sim30cm$ 厚，撒上必速灭 $300g$，翻动均匀，然后覆膜，$3\sim7d$ 后揭膜，翻动 $1\sim2$ 次。

土壤熏蒸消毒的步骤包括以下几点。①清园。熏蒸前所有的作物秸秆及根块茎部要清除干净。②调节土壤水分。达到 $60\%\sim70\%$ 的土壤含水量是进行土壤熏蒸消毒的最合适含水量。简单的做法是：抓起一把土，攥成团，离地面 $1m$ 松开，若土团掉地能够散开，证明水分含量合适。并让这一合适的含水量保持 $6\sim7d$。③施药。将必速灭颗粒剂撒施在要消毒的土壤表面。④翻地。必须将药剂深翻至消毒的土壤深度 $20\sim30cm$，打碎大的土块，为必速灭分解气体的扩散和渗透提供一个良好的条件。⑤浇水。土壤含水量不够时浇水。⑥覆盖地膜。紧贴土壤表面盖上地膜，薄膜周围压实，不能漏气。此时必速灭气体开始对土壤进行熏蒸消毒，撒施覆膜密封的时间为 3～7d。⑦通风。熏蒸 3～7d后，揭开薄膜通风透气 3～7d，通风期间要松土 1～2 次。

消毒过程应注意以下几点。①在施药前，应该使土壤的含水量达到饱和持水量的 60%～70%。②必速灭颗粒剂撒布在土壤的表面后，立即按要求的深度尽可能完全混入土壤中，盖薄膜密封。③防治苗期病害、立枯病、全蚀病、线虫及地下害虫，混土 20cm 深；防治茎腐、根腐、枯萎病、黄萎病的真菌病原，混土 30cm 深。④透气 7d 后，才能种植物。⑤处理过的土壤或介质，是一种无菌状态，所以堆肥时一定要另外消毒处理。⑥松土时不能超过原施药深度。⑦6—10 月土温为 20～25℃时进行土壤消毒，盖膜时间为 3d，揭膜后 3d 可种植作物。11 月至翌年 5 月土温为 10～15℃时进行土壤消毒，盖膜时间为 7d，揭膜透气 7d 即可种植作物。

注意事项：

①药效受土壤温湿度以及土壤结构影响较大，使用时土壤温度应大于 6℃，12～18℃最宜，土壤湿度应大于 40%。

②施药时要使用橡皮手套和靴子等安全防护用具，避免药剂接触皮肤和眼睛，否则应立即用肥皂水或清水冲洗，用过的器具应彻底清洗。

③该药剂对鱼类有毒，在鱼塘附近使用要慎重。

④对已进入成长期的植物有毒，作物移栽后，就不能熏蒸，即使熏蒸也要离根 100～130cm 以外。

⑤应密封于原包装中储存，并存放在阴凉、干燥的地方，不得与食品、饲料一起储存。

（四）石灰氮

石灰氮是一种碱性肥料，可用于土壤熏蒸处理；有除草、杀菌、杀虫等多种作用；是由氰氨化钙、氧化钙和其他不溶性杂质构成的混合物；也是高效低毒多菌灵农药的主要原料之一；可用于生产双氰胺、三聚氰胺和氰熔体等。

通用名称：石灰氮（Calcium Cyanamide）

商品名称：石灰氮

化学名称：氰氨化钙与氧化钙

化学结构式：

$$N{\equiv}C{-}N{=}Ca \qquad\qquad Ca{=}O$$

氰氨化钙 $CaCN_2$ 　　　　　　氧化钙 CaO

理化性状：石灰氮的含氮量为 $18\%\sim22\%$，含钙量为 50%，含碳量为 20%。外观为呈深灰色或黑灰色粉末或颗粒，熔点 $1340{\,}^\circ\!C$，在 $>1\,150{\,}^\circ\!C$ 时开始升华。石灰氮质地较轻，遇水会水解生成单氰胺和氢氧化钙，不溶于酒精，带有电石或氨的臭味。

作用特点和作用机理：石灰氮遇水分解为单氰胺，该物质在酸性土壤溶液中可转化成氢氰酸，这种剧毒物质能使病原线虫和病原微生物迅速死亡；在碱性条件下可提高氮肥利用率，降低硝酸盐和亚硝酸盐含量。石灰氮发挥土壤熏蒸作用体现在三个方面，一是它水解产生的氢氰酸对土壤害虫和一些病原微生物有强烈的杀灭作用；二是对植物自毒物质（根系分泌物）有一定的分解作用；三是可以调酸，解决土壤酸化问题。

毒性：小鼠经口 LD_{50} 为 $334mg/kg$；大鼠经口 LD_{50} 为 $158mg/kg$。急性中毒后可能出现器质性的神经疾病，肢体无力及随后的多发性神经炎。对皮肤和黏膜（结膜、上呼吸道）有刺激作用，对人致死量 $40\sim50g$。石灰氮释放出单氰胺，通过消化道和呼吸道吸收进入人体后，会引起血管运动反应，慢性中毒时往往发生类喘息性支气管炎及支气管喘息、慢性胃炎及肝炎、血压降低、心肌营养不良、性机能障碍、甲状腺及肾上腺机能障碍，皮肤会干燥、瘙痒、皮炎，落入眼内会引起化脓性结膜炎、角膜溃疡及浑浊等。

制剂：粉末或者颗粒（有效含氮量 20% 以上）。

使用方法：石灰氮只能在作物播种前或者移栽前施用，不能在移栽后施用。移栽定植 $20d$ 之前，应使土壤含水量达到饱和持水量的 $60\%\sim70\%$，每亩均匀撒施 $30\sim50kg$，随后深耕土壤（$30\sim40cm$），用塑料薄膜覆盖，密闭增温。一般 $10d$ 左右完成消毒，揭膜通风透气后，翻耕土地，晾晒 7d 以上方可播种或定植作物。

注意事项：

①石灰氮分解产生的单氰胺对人体有害，使用时应特别注意防护。乙醇会加速石灰氮对人体的毒害作用，施用者撒施前后 24h 内不要饮酒。必须按规定时间进行处理，以免对作物产生伤害。

②施用地点不能离鱼池、禽畜养殖场太近，施用时间应选择在无风的晴天。

③撒施时要佩戴口罩、帽子和橡胶手套，要穿长裤、长袖衣服和胶鞋。撒施后要漱口，用肥皂水洗手、洗脸。再者，未用完的石灰氮要密封，存放在通风、干燥处。

④石灰氮为碱性，不能与硫酸铵、过磷酸钙等酸性肥料混合施用。

⑤与其他熏蒸药剂相比，石灰氮安全性更差，而且容易杀灭土壤中的有益微生物，消毒后土壤反而更加容易被病原物侵染，青枯病发生区石灰氮熏蒸处理后的效果并不理想。

⑥石灰氮是一种长效氮肥，对于氮量过多或者后期不需要氮的作物来说会产生一定的不利影响。

第二节　土壤调理剂的精准使用

一、土壤调理剂的概念

土壤调理剂，又名土壤改良剂，是指广义上讲，对土壤性状具有改良和调节作用的物质都可以称为土壤调理剂。

土壤调理剂的研究始于 19 世纪末，距今已有百余年历史，此时期的研究主要集中于天然土壤改良剂的研究。20 世纪初期，西方国家开展了天然高分子物质如纤维素、木质素、多糖、淀粉共聚物等对土壤结构改良作用的研究。这些物质分子量相对较小，活化单体比例高，施用周期短，易被土壤微生物分解且用量较大，因此难以在生产上广泛应用。20世纪 50 年代以来，人工合成土壤调理剂逐渐成为研究热点。美国首先开发了商品名为"Kriluim"的合成类高分子土壤调理剂，之后人们对大量的人工合成材料，如水解聚丙烯腈（HPAN）、聚乙烯醇（PVA）、聚丙烯酰胺（PAM）、沥青乳剂（ASP）及多种共聚物进行了较为深入的研究，其中聚丙烯酰胺是目前应用较多的土壤改良剂。

1982 年，我国农牧渔业部从比利时引进聚丙烯酰胺和沥青乳剂，应用于渠道防渗、盐渍土改良、造林、种草、防止水土流失、旱地增温、保墒等方面。近年来，我国商品化土壤调理剂的种类和数量呈增加趋势，企业层面的研究和推广非常活跃。此外，国外一些应用较为成熟的产品也进入国内市场。农业农村部的肥料登记公告信息显示，目前获得国家行政审批的土壤调理剂产品为 40 多个。在现代人工制剂中，人们往往根据土壤特性及主要限制因子，应用植物秸秆、沸石、石灰等，加入植物所需的营养元素，研制出具有特定功效的改良剂，已达到土壤改良和促进植物生长的双重作用。

近年来，高山蔬菜产区的无机肥施用量增加，导致土壤结构发生变化、土壤酸化、土壤密度降低、田间持水量下降、土壤的容重增加、土壤养分流失，使得土壤肥力严重降低。因此，可以根据调理剂功效及土壤质地选择合适的土壤调理剂用以改良土壤结构，提高土壤质量，提升作物质量和品质，比如生石灰、熟石灰、碳酸钙、碳酸钙镁等石灰物质。

二、土壤调理剂的分类

土壤调理剂通常按照主要功能或主要原料进行分类。

按照主要功能可大致分为土壤结构改良剂、土壤保水剂、土壤 pH 调节剂、盐碱土改良剂、污染土壤修复剂等。

表 6-1 是按照主要原料来进行的分类。

表 6-1　土壤调理剂的分类

分类	土壤调理剂
天然矿物类	泥炭、褐煤、风化煤、石灰石、石膏、硫黄、蛭石、膨润土（蒙脱石）、沸石、磷矿粉、钾长石、白云石、蒙脱石、麦饭石（硅酸盐）、珍珠岩、贝壳粉等
植物及其产品类	秸秆、落叶、绿肥、堆肥、动物粪便、草木灰、锯末、草炭、豆饼、种子、豆浆、淘米水等

（续）

分类	土壤调理剂
固体废弃物类	粉煤灰、磷石膏、高炉渣、碱渣、乳化沥青、城市污泥、垃圾、作物秸秆、木屑、禽畜粪便、酒糟、纸浆废液、脱硫废弃物、味精厂发酵物、鱼产品下脚料等
人工提取或合成的高分子聚合物类	壳聚糖、腐植酸、聚合氨基酸、树脂胶、腐植酸-聚丙烯酸、纤维素-丙烯酰胺、淀粉-丙烯腈/丙烯腈、乙酸乙烯酯和丁烯二酸共聚物、水解聚丙烯腈、聚丙烯酰胺、聚乙烯醇、聚乙二醇和脲醛树脂等
生物制剂类	生物控制剂、菌根、微生物接种菌

三、土壤调理剂的作用

第一，改良土壤质地和结构。以天然矿物、固体废弃物、高分子聚合材料和天然活性物质等为原料制造的土壤调理剂多具有高吸附性、离子交换性、催化和耐酸耐热等性能，可以降低土壤容重和土壤吸水能力，增加土壤总孔隙度、毛管孔隙度和通气孔隙度等。

第二，提高土壤保水供水能力。土壤保水剂是一种具有三维网状结构的有机高分子聚合物，在土壤中能将雨水或灌溉水迅速吸收并保持，变为固态水而不流动、不渗失，长久保持局部恒湿，天旱时缓慢释放供植物利用。

第三，调节土壤 pH。大多数土壤调理剂因自身结构呈碱性，如石灰、碱渣、粉煤灰、脱硫废弃物等，加入土壤中，可以调节土壤 pH。

第四，改良盐碱土。人工合成的高分子聚合物或天然高分子类土壤调理剂，含有置换能力强的高价离子，施用后与盐碱土吸附的交换性钠进行离子交换，交换下来的钠离子溶于水中被排洗掉，从而达到降低盐碱、减轻土壤盐渍化程度的目的。

第五，改善土壤养分供应情况。土壤调理剂通常由多种基础原料制成，本身可能就含有一定量的氮、磷、钾养分，可改善土壤营养元素的供应状况。

第六，修复土壤重金属污染。土壤调理剂主要通过化学固化的方式修复土壤重金属污染，石灰、磷石灰、沸石等矿物粒度细、表面积大，可利用可变电荷表面对重金属离子的吸附、解吸、沉淀来控制重金属元素的迁移和富集。

第七，优化土壤菌群结构。土壤调理剂可以增加有益微生物的数量，抑制病原微生物的增殖。

四、主要的土壤调理剂

（一）石灰

石灰是酸性土壤改良中常用的土壤调理剂。可以中和土壤酸性，消除铝离子和锰离子的毒害作用，增加土壤钙、镁等矿质养分含量，提高氮、磷利用率，改善土壤物理性状，提高土壤通透性，从而增加作物产量和提高质量。常用的石灰种类有生石灰（CaO）、熟石灰 $[Ca(OH)_2]$、石灰石（$CaCO_3$）、白云石粉 $[CaMg(CO_3)_2]$ 等。生产上常用于改良土壤的石灰为生石灰。

亩用量超过 500kg，可导致土壤有机质迅速分解，腐殖质积累减少，从而破坏土壤结构。同时，土壤中磷酸盐以及铁、锰、硼、锌、铜等微量元素也会因形成难溶性的沉淀物，有效性降低。大量使用石灰而未施入其他肥料，土壤养分大量释放，作物不能全部吸收，会导致养分流失，致使土壤肥力下降。所以石灰用量必须适当，正常情况下，用生石灰消毒土壤时的用量为每亩不超过 100kg。此外，如果土壤的 pH 超过 7.5，切忌再用生石灰处理土壤。黄瓜、南瓜等作物耐酸性中等，要施用适量石灰；番茄等作物耐酸性较差，也要重视石灰的施用量。中和能力强的石灰或同时施用其他碱性肥料时可少施，而施用生理酸性肥料时，石灰用量应适当增加。降水量多的地区石灰用量适当多些。中和整个耕层或结合绿肥压青或秸秆还田时石灰用量适当多些。如果石灰施用于局部土壤，用量就要减少。土壤酸性强，活性铝、铁、锰的浓度高，质地黏重，耕作层较深时，石灰用量适当多些；相反，耕作层浅薄的砂质土壤，则应减少用量。旱地的用量应高于水田。坡度大的山坡地要适当增加用量。

正确的使用方法是先将生石灰撒入地里，深翻地，隔 4～7d 后再施有机肥。此外，石灰不宜连续大量施用，一般每隔 2 年施用 1 次即可，否则会引起土壤有机质分解过速、腐殖质不易积累，致使土壤结构变坏，诱发营养元素缺乏症，还会抑制作物对钾的吸收，反而不利于作物生长。石灰肥料不能与铵态氮肥、腐熟的有机肥和水溶性磷肥混合施用，以免引起氮的损失和磷的退化导致肥效降低。石灰用作农药使用时，如配制波尔多液、石硫合剂等，生石灰含量应在 95％以上；在配药及施药过程中，要注意安全防护。

生石灰撒入土壤中起反应时会产生大量的热，能够杀死细菌。此外，反应生成的氢氧化钙是强碱，也能够杀菌。因此，用生石灰处理完土壤后，要注意补充有益微生物，可在定植前撒施或定植后随水冲施来补充有益菌。

（二）沸石

沸石是一类具有特定孔道结构的硅铝酸盐矿物。人们发现的天然沸石品种超过 80 种，较常见的有钙沸石、钠沸石、方沸石、丝光沸石等。硅、铝、氧是沸石的主要成分，不同产地沸石主要成分差别不大，但钠、钾含量及一些微量元素含量有所差别。

沸石具有颗粒小、径孔大、矿物表面负电荷富集等特点，被广泛用作土壤调理剂。掺入土壤不仅能疏松土壤，增加土壤孔隙度和透气性，中和土壤酸性，使土壤离子交换容量提高，而且能有效地控制肥料中铵态氮和钾的释放，从而延长养分在土壤中的保留时间，且沸石本身也含有作物需要的微量养分，同时还能抑制土壤和肥料中有害物质向作物的转移，有利于作物品质的改善。

沸石对土壤中的重金属铅和镍具有很强的吸附能力，离子交换和表面络合反应是主要的吸附形式。另外，沸石比表面积巨大，能吸附更多的水分子，增强土壤保水性。同时还能提高蔬菜抗病性、耐旱性、抗冻性。

（三）碱渣

碱渣又叫白泥，是氨碱法生产纯碱过程中产生的工业废渣。碱渣呈白色颗粒状，含水量在 60％～70％，pH 为 9.0～11.8。碱渣中所含元素种类多样，富含钙、镁、钾、硅、锌、铜、钼等有利于作物生长的营养元素。

碱渣的粒度小，比表面积大，粒子带负电荷，因而具有溶胶的性质。利用碱渣制得的钙镁多元复混肥料或酸性土壤改良剂，可代替石灰改良酸性、微酸性土壤，调整土壤 pH，加强有益微生物活动，促进有机质分解，补充微量元素，促进农作物生长。用碱渣作为酸性土壤改良剂不仅为农业提供大量钙、镁、硅等肥源，而且为消除废料对生态环境的污染找到了解决途径。

碱渣的氯化物含量很高，对惧氯作物不得使用。另外，碱渣的有机质含量较少，速效磷含量低，单独使用往往会造成土壤板结、作物缺磷等问题。与蘑菇渣搭配使用能很好地解决这一问题。

（四）粉煤灰

粉煤灰是燃煤火力发电厂排放的废渣。主要化学成分包括 SiO_2、Al_2O_3、Fe_2O_3、CaO 和未燃烧的炭，此外还有少量的 MgO、Na_2O、K_2O、SO_3 以及少量砷、铜、锌等微量元素。密度大多在 $2.1\sim 2.6g/mL$。

粉煤灰粒细质轻、多孔疏散、比表面积大、活性基团较多且吸附能力较强，能够促进土壤颗粒的团聚作用，增加土壤体积密度、孔隙度，提高土壤通气性，增强土壤微生物活性，提高持水能力和有效水分含量，促进植物生长和增加作物产量。

有研究发现，低浓度（10%～30%）粉煤灰能显著促进南瓜生长，增加南瓜叶绿素、蛋白质、碳水化合物等物质的含量，且经粉煤灰改良的南瓜田在花果数量、果实长度、鲜重、干重等指标上均显著提高；但施用高浓度（40%、50%）粉煤灰，则表现出降低南瓜产量和品质的负面效果。因此，将粉煤灰用作土壤改良剂时，应充分考虑其潜在的负面影响，探究粉煤灰施用量的安全范围，在提高土壤质量的同时最大限度地降低对植物危害。

（五）聚丙烯酰胺

聚丙烯酰胺（PAM）是丙烯酰胺及其衍生物的统称，通式为$(C_3H_5NO)_n$，一般呈白色，溶于水。根据 PAM 分子链上的官能基在水中的离解性质，将其分为阳离子型、阴离子型、两性水离子型和非离子型 4 种类型，其中阴离子型 PAM 被广泛应用于土壤改良中。

PAM 分子中的基键可与土壤颗粒之间形成吸附力，增加土壤大团聚体数量，改善土壤结构，保持土壤颗粒和空隙结构稳定，提高土壤渗透率和含水量，从而促进作物产量和质量提高。

PAM 以多种形式存在，如颗粒、溶液等。相关研究表明，喷洒 PAM 溶液于土壤表层比干粉直接撒施于土壤表层更利于降低土壤侵蚀，而 PAM 与土壤混合的施用方式较直接喷洒更能提高土壤渗透率。PAM 改良土壤效果显著，应用前景广阔，但是由于土壤质地和类型、PAM 使用量和施用时机等的不同，严重影响 PAM 的推广应用。

（六）保水剂

保水剂是利用超强吸水性树脂制成的一种具有超强吸水保水能力的高分子化合物，能够吸收自身重量数千倍的水分，吸水后膨胀为水凝胶，在干燥条件下又能将水分缓慢释放供作物利用，而且具有反复吸水的功能。

保水剂可以促进土壤团粒结构形成，提高土壤孔隙度，降低土壤容重，有效调节水肥气热情况，减少土壤水分蒸发，增加土壤微生物含量，提高土壤保水保肥能力。

保水剂多用于农业生产，常用方法有种子涂层、与土壤混合、凝胶蘸根、做培养基质等。国内外将保水剂用于土壤调节的主要方式是与土壤混合，一般有穴施、沟施、撒施和混施等方式。保水剂最好避免洒在土壤表面，应穴施或沟施，使用在 0～10cm 土层效果显著。

保水剂是一种优良的保水材料，随肥料一起施入土壤不会产生拮抗作用，能够有效降低农民的劳动强度，缩短还苗时间，提高移栽成活率，适量的保水剂可以促进作物的生长发育，提高产量和品质。

（七）生物炭

生物炭中含有大量植物生长发育所需的营养元素，除碳含量较高外，磷、钾、钙、镁的含量也较高，主要以芳香族碳结构为主，呈碱性，拥有较大的孔隙度和比表面积。生物炭的原料种类繁多，包括树枝、落叶、牧草、农业废弃物（如稻草、花生壳和稻壳）、粪肥（猪粪、牛粪等）、热泥、纸浆等。

生物炭具有丰富的孔隙结构，施入土壤可以降低土壤容重，增加土壤孔隙度，提高渗透性，增强土壤的保水能力，改善土壤物理结构，促进土壤微生物种群的发展并增强土壤微生物的活性，促进土壤养分循环，从而促进作物生长。

有研究发现，施用花生壳来源生物炭可以提高土壤 pH，提升有机碳含量，促进蔬菜的生长和产量提高（黄连喜等，2018）。生物炭单一施用或结合微生物菌剂施用都能降低白菜根肿病发病率，提高白菜产量，同时优化土壤理化性质（解国玲等，2023）。但也有研究表明，在不同土壤条件下，不同类型生物炭对土壤的改良效果及对作物产量的影响差异较大，因此在蔬菜生产上要严格控制使用量，才能达到改良土壤、促进作物生长的目的。

（八）秸秆

农作物秸秆是籽实收获后留下的纤维成分含量很高的作物残留物，包括禾谷类、豆类、薯类、油料类、麻类以及棉花、甘蔗、瓜果等多种作物的秸秆，秸秆占作物生物总量的 50% 左右，是一类极其丰富的易直接利用的可再生有机肥源，主要含纤维素、木质素、糖类、蛋白质、淀粉、有机酸、磷脂酶等有机物，还含有作物生长必需的氮、磷、钾等营养元素。

秸秆在腐解过程中，不断释放出氮、磷、钾和其他中微量元素，供植物生长利用，这既可减少农田化肥的用量，缓解氮、磷、钾肥施用比例失调的矛盾，增加有机质含量，改良土壤结构，促进土壤微生物的生长繁殖，保水抗旱，又可解决秸秆焚烧和乱堆乱放带来的环境污染。

秸秆在蔬菜生产中应用较普遍，主要有麦秆、玉米秸秆、稻秆等。秸秆还田的方式有直接还田、覆盖还田、留高茬还田三种方式。无论以何种方式还田，都应尽早翻压入土，以便秸秆吸收水分腐解，同时需保持充足的土壤水分，秸秆宜浅埋。一般 10～20cm 的耕作层，土壤水分充足，微生物活跃，能够加速腐解。

需注意的是，带有一些传染性强的病虫害的秸秆不能还田，否则易造成病虫害的蔓延。这类秸秆需延长腐熟时间，并且要注意预防一些病害。

（九）绿肥

凡是作为肥料的绿色植物均称为绿肥。绿肥按照植物学特征分类，分为豆科绿肥作物和非豆科绿肥作物；按栽培季节分类，分为冬季绿肥作物和夏季绿肥作物；按栽培年限分为 1 年生绿肥作物、2 年生绿肥作物和多年生绿肥作物；按种植条件分为旱生绿肥和水生绿肥。

绿肥具有可以增加土壤有机质和养分含量，改良土壤结构，增加土壤氮素来源，富集和转化土壤养分，聚集流失养分，净化水质，减少水土流失，改善生态环境，绿化环境，净化空气等作用。

绿肥根据其生物学特性，可以采取单种、插种、间种、套种及混种 5 种种植方式。根据土壤条件、气候特点和种植目的选择合适的绿肥品种，例如豆类绿肥适合在土壤贫瘠、氮素不足的地区种植；油菜类绿肥适合在冬季气温较低的地区种植。一般而言，秋冬季是播种绿肥的最佳时期。在种植绿肥前，根据土壤肥力情况和绿肥品种的需求，合理使用有机肥和化肥。绿肥生产过程中，可根据生长状况适当追肥。绿肥生长成熟后，可通过翻耕、覆盖等方式将其转化为土壤肥料，或者制堆沤肥和饲料用。

（十）贝壳粉

贝壳粉是指贝壳经过粉碎研磨制成的粉末，包括牡蛎粉、扇贝粉等。其 95％的成分是碳酸钙，还包括甲壳素、少量氨基酸和多糖物质，可用作食品、化妆品以及室内装修的高档材料，应用于畜禽饲料及食品钙源添加剂、饰品加工、干燥剂等。用作土壤改良的贝壳粉要进行加工和发酵，不然很难溶于水，不能发挥作用。

近年来，西南大学的研究团队发现，经过发酵和烘焙处理的牡蛎粉可用于烟草种植区内的土壤调酸。对于因长期连作而导致的土壤酸化问题有很好的调控治理作用，对于土传病害也有一定的控制作用。研究表明，每亩使用 100kg 粉碎至孔径 0.25mm 以上的贝壳粉，可以将 pH 为 5.5 左右的土壤增加 pH 单位 0.3 以上，是一种环保、经济、高效的新型土壤调理剂。

五、施用土壤调理剂的注意事项

第一，根据土壤实际情况使用。使用土壤调理剂的目的是改善土壤存在的耕性差、盐碱化、酸化、有毒物质污染、养分失衡等问题。所以需要从土壤的实际情况出发，选择适合的产品，针对性使用，才能收到良好效果。土壤调理剂也并非适用于所有土地，在购买和使用土壤调理剂之前要先分析土壤状况，与有关技术人员进行沟通和交流，并在技术人员指导下使用。

第二，配合常规肥料使用。土壤调理剂可以用于改善土壤环境，解决土壤障碍性问题。商品类的复合型调理剂稍含一些养料，但并不能直接当作肥料使用，更不能替代肥料。土壤调理剂必须与当地常规用肥共同使用，最佳配合使用方案则需要根据当地土壤的质地、盐分、水肥条件及经济效益等因素，通过田间试验来确定。

第三，避免过度使用。土壤调理剂可以用于改良土壤偏酸、偏碱、盐渍化以及板结状态，但不能长期使用，否则会导致过度矫正，更不利于作物生长。因此，应根据土壤的恶化情况使用不同数量及次数的土壤调理剂。

第四，使用完土壤调理剂还要注意对土壤进行养护。有机质含量的维护、酸碱度平衡的维护、土壤耕层的维护、营养元素含量的维护等都必须加以注意。每年都要注意增施有机肥，避免化肥的过量使用，还应充分考虑轮作、绿肥种植、深耕翻地等。

第三节 土壤调酸产品及特点

一、土壤调酸的原理

酸化是南方连作土壤的一个重要发展趋势，酸化土壤对栽培蔬菜的健康生长具有严重的不良影响。酸化土壤改良是破解连作障碍的基础性工作。

土壤酸度分为活性酸度和潜性酸度，土壤溶液中 H^+ 浓度代表活性酸度（pH），土壤胶体上吸附态的可交换性 H^+ 和 Al^{3+}，在离子交换作用下进入淋溶液中的酸度为潜性酸度。酸度是影响土壤环境质量，限制作物产量的重要指标之一。通常酸化土壤中含有高浓度的 H^+ 和 Al^{3+}，影响土壤中氧化还原、吸附解吸、沉淀溶解、络合等一系列化学反应的进行。高浓度的 H^+ 和 Al^{3+} 抑制植物根部细胞分裂、伸长和膜运输，打破植物内部激素平衡，抑制植物生长发育，降低作物产量和品质。

酸性土壤改良剂富含碱性组分，可以降低土壤溶液中 H^+ 和 Al^{3+} 浓度以及固相中交换性氢和铝含量，达到改善土壤酸度的目的。其作用机理如下。

石灰类、生物炭和有机改良剂富含 OH^-、CO_3^{2-}、有机阴离子、氧化物等碱性组分，易与土壤溶液中 H^+ 发生中和、复分解等反应，产生 H_2O 和 CO_2，提高土壤 pH。pH 升高促进土壤溶液中 Al^{3+} 发生聚合、沉淀、配合、水解等一系列反应，转化为低毒的 $Al(OH)_4^-$、$Al(OH)_3$、有机和无机铝配合物，降低 Al^{3+} 浓度。

生物炭表面的羟基、羧基官能团能吸附溶液中单体铝（Al^{3+} 为主要存在形态）发生酯化反应，形成有机复合体，硅酸盐与 Al^{3+} 共沉淀，生成 $KAlSi_3O_8$ 等化合物，降低土壤酸度。

磷石膏中富含 SO_4^{2-}，可作用于土壤胶体交换出 OH^-。有机质分解过程中，有机氮在氨化作用下产生 OH^-，中和 H^+ 和 Al^{3+}。

改良剂中碱基阳离子也能将土壤溶液中 H^+ 和 Al^{3+} 置换到土壤胶体表面，降低酸度。交换态铝以 Al^{3+} 为主要形态，吸附在土壤黏粒或胶体表面。改良剂促进土壤溶液中 Al^{3+} 或胶体表面交换性铝聚合生成吸附态羟基铝，交换态铝、羟基铝有机质配合成有机配合态铝，降低潜在酸度。

改良剂种类、剂量和联合配施方式是影响土壤酸环境的重要因素。粪肥中腐殖质类物质富含羧基、酚基、烯基等官能团，比秸秆消耗更多质子，而石灰和工业副产品碱度比有机改良剂高。因此，改良剂改善酸度效果遵循粪肥＞作物残渣、无机改良剂＞有机改良剂。通常改良剂剂量和改善效果呈正相关（刘娇娴等，2022）。

二、主要的土壤调酸技术

大量施入腐熟农家肥、泥炭土、腐叶土和绿肥等，可以中和酸碱度，改变土壤板结和有机质含量低等问题，有助于根系发育，从而提高抗逆性和提高作物产量。

首先，可以使用土壤调酸剂。土壤调酸剂以农用保水剂、天然泥炭或其他有机物为主要原料，具有显著的"保水、增肥、透气"能力，可以打破土壤板结，提高土壤透气性，促进土壤微生物活性，增强土壤肥水渗透力；可以改良土壤，治理荒漠，保水抗旱，增强农作物抗病能力，提高农作物产量，改善农产品品质。

酸性土壤可以通过施入生石灰，中和酸性物质。在播种或者栽植蔬菜及其他农作物前的 $1\sim3$ 个月，每亩撒施 $100\sim200kg$ 生石灰，然后翻入土壤，可以杀灭杂草和病虫害，效果很好。需要注意的是，生石灰使用数量不宜过大，否则会对后茬作物产生影响。生石灰间隔 2 年使用 1 次，不可以连续使用。使用生石灰必须结合农家肥使用，否则会引起农作物生长不良。但生石灰不能和农家肥同时使用，否则会降低肥效。植物生长期不能使用生石灰，否则会产生大量热量，产生烧根和烧叶现象，但可以撒施熟石灰改良土壤。

酸性土壤可以通过大量施入草木灰来调节土壤 pH，一般每亩最低施入 $30\sim50kg$ 草木灰。

酸化严重的地块，每亩施入有机肥的同时，可以施入 $50\sim100kg$ 牡蛎钾或钙镁磷肥、硅钙钾镁肥来调节土壤 pH，补充酸性土壤缺少的钙、镁、硅等营养元素。

碱性土壤通过施入硫酸亚铁、硫黄粉、硫酸铝或者腐植酸肥料，可以提高土壤酸性，改善黏土的理化性状。

盐碱地施用过磷酸钙、硝酸钙、硝酸铵等，可增加土壤中钙的含量，活化土壤中钙素。施用抑盐剂，能在地面形成一层薄膜，抑制水分蒸发和提高地温，减少盐分在地表的积累。

在农作物生育期，可根据土壤 pH，合理施用酸性、碱性肥料来调节土壤 pH。

三、土壤酸化改良防控蔬菜连作病害防控技术

为保持土壤酸碱平衡和营养平衡，促进土壤微生物结构优化，西南大学根际微生态过程与调控研究团队开展了以土壤改良为核心的一系列相关试验，筛选出一系列土壤酸化改良材料，为连作蔬菜根茎病害的防控提供有力支撑。

（一）室内条件下土壤酸化改良剂对土壤 pH 的影响

室内条件下，系统评估了硅肥（SI）、黄腐酸钾（BSFA）、牡蛎壳粉（OS）、生石灰（LM）土壤调理材料对土壤 pH 的影响。从整个培养过程来看（图 6 - 1），在将不同材料与酸性土壤混匀处理后 0～9d，硅肥、牡蛎壳粉、生石灰处理下的土壤 pH 与对照（CK）相比都快速升高，说明这些材料施入土壤中可中和土壤中的酸从而提升土壤 pH；而黄腐酸钾处理下的土壤 pH 经过最初的提升之后先在第 7 天急剧下降后又缓慢保持稳定。培养至第 9 天到第 25 天，各处理下土壤 pH 都有所波动，而后在第 25 天达到最高峰，在第 35 天至第 95 天的培养过程中，所有处理土壤 pH 都有所下降，之后基本趋于平稳状态，说明试验所用土样在本试验操作条件下的土壤酸碱反应已经基本达到新的平衡并进入自然淋溶酸化状态。

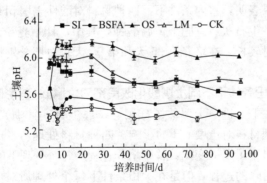

图 6 - 1　不同处理土壤 pH 的动态变化

注：OS 为牡蛎壳粉处理，LM 为生石灰处理，SI 为硅肥处理，BSFA 为黄腐酸钾处理，CK 为空白对照。余同。

将所有处理的土壤 pH 变化进行对比可以发现，在为期 95d 的培养过程中，土壤 pH 的提升效果为牡蛎壳粉＞生石灰＞硅肥＞黄腐酸钾＞对照，在培养第 35 天（图 6-2），牡蛎壳粉、生石灰、硅肥、黄腐酸钾处理下的土壤 pH 分别为 6.13、5.83、5.74、5.48，较对照处理下的 5.41 相比分别提升了 0.72、0.42、0.33、0.07；在培养第 95 天（图 6-2），牡蛎壳粉、生石灰、硅肥处理下的土壤 pH 分别为 6.01、5.74、5.60，较对照处理下的 5.35 相比分别提升了 0.66、0.39、0.25，黄腐酸钾处理下的土壤 pH 为 5.32，较对照降低了 0.03，但无显著差异。

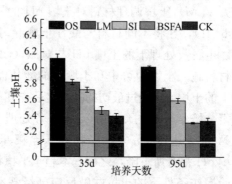

图 6-2　35d、95d 不同材料对土壤 pH 的影响

以上结果表明，室内条件下，四种材料对酸性土壤 pH 的提升效果为牡蛎壳粉＞生石灰＞硅肥＞黄腐酸钾，其中，牡蛎壳粉的效果最好，持效期也相对较长，在培养第 35 天和第 95 天较对照分别提升土壤 pH 0.72、0.66。

（二）大田条件下不同土壤酸化改良剂对土壤 pH 的影响

大田条件下，进一步评估了硅肥、黄腐酸钾、牡蛎壳粉、生石灰四种土壤调理材料对土壤 pH 的影响。四种材料处理后，田间土壤 pH 在培养期间出现了以下变化：整个培养过程中每个处理下的土壤 pH 都经历了先升后降的过程，但是在大田条件下每个处理所对应的土壤 pH 变动又各有不同（图 6-3）。从前 20d 的培养过程来看，牡蛎壳粉、生石灰和硅肥都对土壤 pH 有很大提升，黄腐酸钾处理下的土壤 pH 也有所提高，培养至第 20 天，牡蛎壳粉、生石灰、硅肥和黄腐酸钾处理下的土壤 pH 分别为 6.62、6.66、6.60、5.81，较对照处理分别提升了 1.15、1.19、1.13、0.34；但培养至第 20 天后，各处理下的土壤 pH 均有所下降，截至第 65 天，牡蛎壳粉、生石灰、硅肥和黄腐酸钾处理下的土壤 pH 分别为 6.10、5.62、5.36、4.97，其中牡蛎壳粉、生石灰和硅肥处理下的土壤 pH 与对照处理相比分别提升了 0.93、0.45 和 0.19，而黄腐酸钾处理下的土壤 pH 比对照处理低了 0.20。综合为期 80d 的土壤培养过程，所有处理对土壤 pH 的提升效果为牡蛎壳粉＞生石灰≈硅肥＞黄腐酸钾≈对照。

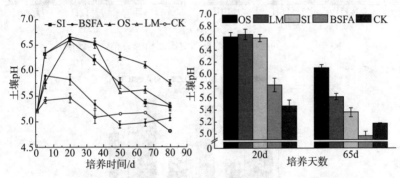

图 6-3　不同土壤酸化改良剂对土壤 pH 的影响

（三）不同土壤改良剂对植株田间青枯病发生的影响

在大田条件下系统评价了硅肥 600kg/hm² 、黄腐酸钾 600kg/hm² 、牡蛎壳粉 1 500kg/hm² 、生石灰 1 500kg/hm² 均匀撒施后对植株青枯病发生的影响。结果表明，经过土壤酸化改良处理后，各处理对植株青枯病发生的影响都略有不同（图 6-4），可以看出青枯病的发生及蔓延十分迅速。最后一次调查结果显示，生石灰 1 500kg/hm² 处理和牡蛎壳粉 1 500kg/hm² 处理下的植株青枯病发病率分别为 65.53% 和 40.30%，病情指数分别为 28.39 和 17.46；硅肥 600kg/hm² 处理下的结果与生石灰近似，但黄腐酸钾处理下的青枯病发病率和病情指数均高于空白对照。所有处理下牡蛎壳粉的防效最高，最后调查结果显示牡蛎壳粉 1 500kg/hm² 处理的相对防效为 53.97%，土壤 pH 为 6.41，高出空白对照 0.67（图 6-5）。这一结果表明，牡蛎壳粉不仅调酸效果好，而且对青枯病的控制效果也较为理想。

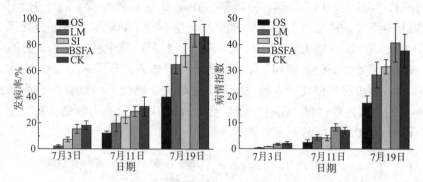

图 6-4　不同土壤酸化改良剂对田间植株青枯病的影响

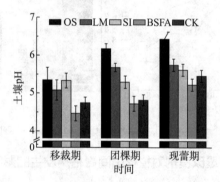

图 6-5　不同土壤酸化改良剂处理后土壤 pH

（四）不同用量牡蛎壳粉对青枯病的调控作用

为确定牡蛎壳粉的最优使用剂量，分别选用 750、1 500、3 000kg/hm² 牡蛎壳粉进行田间试验，结果表明牡蛎壳粉能明显降低青枯病的发病情况。最后一次调查结果显示，3 000、1 500、750kg/hm² 牡蛎壳粉处理下的青枯病病情指数分别为 2.11、3.22、5.78（图 6-6），较对照处理（13.56），相对防效分别达到 84.43%、76.22%、57.38%。由图 6-7 可以看出，随着牡蛎壳粉施用量的提升，土壤 pH 也显著增高；3 000、1 500、750kg/hm² 牡蛎壳粉处理下的土壤 pH 在施用后 45d 较对照处理分别提升了 0.92、0.90、0.68，在处理后 90d 较对照处理分别提升了 0.68、0.6、0.49。说明施用牡蛎壳粉不仅能提升土壤 pH，还能对青枯病有较好的控制效果。

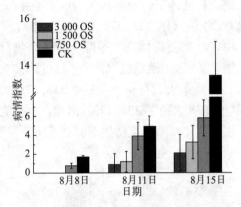

图 6-6　牡蛎壳粉对田间植株青枯病的影响

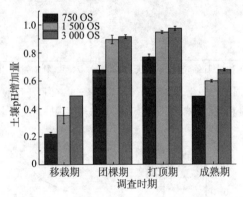

图 6-7　牡蛎壳粉对土壤 pH 的影响

（五）不同土壤改良剂对榨菜根肿病的调控作用

土壤改良剂已被广泛应用于改善土壤酸化环境进而防治植物根部病害。通过在榨菜（茎瘤芥）起垄期分别施用牡蛎壳粉、生物炭和草木灰，探索 3 种土壤改良剂对土壤酸化的改良效果，同时调查其对榨菜根肿病田间防控效果、土壤微生物群落多样性变化、土壤 FDA 酶活的影响。结果表明，3 种改良剂均可以显著提高土壤 pH，尤其是施用牡蛎壳粉后效果最为显著，土壤 pH 提高了 0.45（图 6-8）。施用牡蛎壳粉和生物炭后，榨菜根肿病发病率分别降低了 26 个百分点和 16.67 个百分点，且牡蛎壳粉处理下防效可达 35.08%（图 6-9）。施用土壤改良剂后，其 AWCD 值（图 6-10）、Simpson 指数、McIntosh 指数均有所增加。其中，牡蛎壳粉提高了根际土壤微生物群落的碳代谢能力，并提高了土壤 FDA 水解酶活性（图 6-11/彩图 11）。同时，施用牡蛎壳粉后茎瘤芥产量最大，每亩产量达 2 113.96kg，每亩产值增加了 480.99 元，其增产率达到了 39.75%。因此，牡蛎壳粉可以作为有效的土壤改良剂用于优化榨菜土壤微生态，有效防治榨菜根肿病。

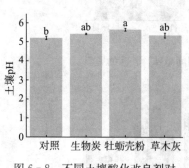

图 6-8　不同土壤酸化改良剂对
土壤 pH 的影响

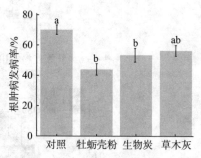

图 6-9　不同土壤酸化改良剂对
榨菜根肿病发病率的影响

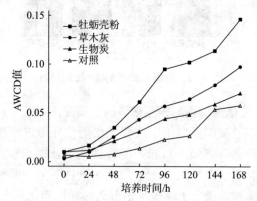

图 6-10　土壤微生物 AWCD 值随培养时间的变化

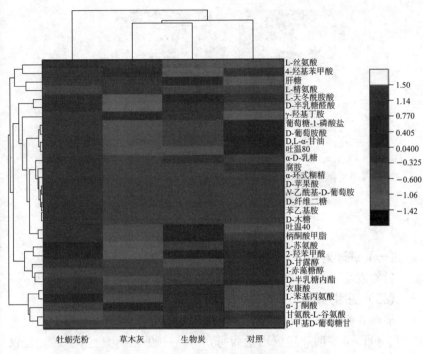

图 6-11 土壤微生物对不同碳源利用情况（96h）

以上结果表明，每亩采用 100kg 牡蛎壳粉在榨菜起垄期撒施，其调酸效果最佳，土壤 pH 提升了 0.45。土壤改良剂施用后，其 AWCD 值、Simpson 指数、McIntosh 指数均有所增加，其中牡蛎壳粉提高了根际土壤微生物群落的碳代谢能力，增强了碳代谢活性，并增强了土壤 FDA 水解酶活性，能起到一定的增产增收作用。

四、牡蛎钾土壤调理剂的创制与应用

西南大学微生态过程与病害控制研究团队在前期研究了牡蛎壳粉可有效改良土壤、优化根际微生态控制土传病害的基础上，组配多种生物材料，研发出了能够改良土壤酸化、补充土壤有机质与中微量元素的生物质产品牡蛎钾（商品名希植优）（图 6-12）。

图 6 - 12　土壤酸性改良产品牡蛎钾

（一）调理对象

针对发生土壤酸化的连作蔬菜种植区，有青枯病与线虫病发生。

（二）使用方法

撒施：起垄前将牡蛎钾土壤调理剂均匀撒施，翻耕时与土壤混合均匀。pH＞5.0 时，建议用量为每亩 50～100kg；pH＜5.0 时，建议用量为每亩 100～200kg。

条施：在起垄前将牡蛎钾土壤调理剂均匀撒施于行间，然后在撒施的行上起垄。pH＞5.0 时，建议用量为每亩 25～50kg；pH＜5.0 时，建议用量为每亩 50～100kg。该方法减少了用量，但调酸效果较差。

根围施用：对于旺长后期的植株，可以在根部周围 10cm 范围内均匀撒施，条件允许的话，撒施后可覆盖细土。pH＞5.0 时，建议用量为每亩 15～30kg；pH＜5.0 时，建议用量为每亩 25～50kg。也可与复合肥现混现用，混合混匀后做底肥施用。

牡蛎钾不建议和有机肥混用，可在施用牡蛎钾 3d 后再施用有机肥，避免牡蛎钾对有机肥的肥效产生影响。

（三）技术优点

采用天然碱性生物质材料为原料，含有丰富的钙、镁和钾素，能有效缓解土壤的酸化程度，改良土壤，抗重茬，促肥力，补充中微量元素，钝化重金属，降低农产品中的重金属含量，促进根系发育，提高作物抗性和品质，有效抵御根茎病害的发生，从根本上推进土壤生态修复。

（四）应用效果

近年来，利用牡蛎钾在重庆主要蔬菜产区进行连作区土壤改良，效果显著，得到了广大菜农的广泛认可，被重庆市农业农村委员会作为主推技术在全市推广应用，新华社和重庆日报进行了相关报道。2020—2022 年，在重庆彭水龟池村用此产品进行了农用地污染土壤治理修复，同时结合微生物修复、植物与土壤营养平衡以及叶面阻控等多个技术，在提高土壤 pH 与生物活性、降低土壤重金属的释放、减少水稻对重金属的吸收及阻控重金属向谷粒转移方面效果显著，牡蛎钾成为水稻重金属治理的重要创新产品。

第四节　生物菌剂的精准使用

一、生物菌剂的概念

生物菌剂是指目标微生物（有效菌）经过工业化生产扩繁后加工制成的活菌制剂，具有直接或间接改良土壤，恢复地力，维持根际微生物区系平衡，降解有毒、有害物质，拮抗病原微生物，预防和控制连作蔬菜病害等作用。应用于蔬菜生产，可以通过其中所含微生物的生命活动，增加植物养分的供应量或促进植物生长，改善蔬菜品质及农业生态环境。微生物的某些代谢过程或代谢产物可以增加土壤中的氮、某些植物生长素、抗生素的含量；或者促进土壤中一些有效性低的营养性物质的转化，提高肥料利用率；或者兼有刺激植物的生育进程及防治病虫害的作用。

但生物菌剂的应用目前还存在很多不足，除固氮菌等少量微生物之外，绝大多数微生物并不能为土壤带入外源营养成分，如解磷菌、解钾菌只能非常有限地吸收、转化土壤本身含有的磷和钾。因此，只有实行有机、无机、生物肥三肥配合施用，才能充分发挥肥料的功效。首先要能够保证有益菌的生长，然后才能保证有益菌发挥作用。

二、生物菌剂的分类

生物菌剂主要按照微生物组成、微生物种类和作用机理来进行分类。

按其微生物组成来说，可分为单一菌剂和复合（或复混）菌剂。单一菌剂是由一种微生物制成的生物菌剂；复合（或复混）菌剂是由2种或2种以上互不拮抗的微生物制成的生物菌剂。

按照制品中特定微生物种类可分为细菌菌剂（如根瘤菌菌剂、固氮菌菌剂）、放线菌菌剂（如抗生菌菌剂）、真菌菌剂（如菌根菌剂）。

按其作用机理分为根瘤菌菌剂、固氮菌菌剂（自生或联合共生类）、硅酸盐细菌菌剂、溶磷微生物菌剂、光合细菌菌剂、菌根菌剂、促生菌剂、有机物料腐熟菌剂、生物修复剂、病原菌拮抗菌剂等。

三、生物菌剂主要种类及特点

（一）根瘤菌菌剂

根瘤菌菌剂是以根瘤菌为生产菌种制成的微生物接种剂。根瘤菌是一类共生固氮细菌的总称，它的突出特点是能与豆科植物形成共生体，将大气中的氮分子转化成氨，供宿主植物做氮肥。利用人工选育出来的高效根瘤菌株，大量繁殖后，将活菌与草炭等吸附剂混合后制成根瘤菌肥料，在农业生产中发挥了巨大的作用。根瘤菌剂具有肥效高、生产成本低、不污染环境等优点。

（二）固氮菌菌剂

固氮菌菌剂是以自身固氮菌和/或联合固氮菌为生产菌种制成的微生物接种剂。固氮菌能固定土壤和多种作物根际中的氮气，为作物提供氮素营养，分泌激素，刺激作物生长。按菌种的特性分为自身固氮菌菌剂和根际联合固氮菌菌剂。固氮菌菌剂能够促进土壤有机质的矿化，加强其他根际微生物的生命活动，对植物的生长、产量和品质有重要影响。土壤碳氮比小于（40~70）：1时，自身固氮菌则停止固氮，因此，固氮菌菌剂应与秸秆、有机肥一起配合施用，还要保证土壤有一定的水分、良好的通气状况和适宜的pH。

（三）硅酸盐细菌菌剂

硅酸盐细菌菌剂是以硅酸盐细菌为生产菌种制成的微生物接种剂。硅酸盐细菌可以将含钾矿物中难溶性钾溶解出来供作物利用。硅酸盐细菌主要包括胶冻样芽孢杆菌 *Bacillus mucilaginosus*、环状芽孢杆菌 *Bacillus circulans*、土壤芽孢杆菌 *Bacillus edaphicus* 等。此类菌剂施于土壤中，土壤中该类细菌和微生物总数增加，可利用的钾、磷增加，植物抗病性增强。此类菌剂发酵液中有生长素和赤霉素类物质，可抑制其他病菌的生长，达到增产效果。

（四）溶磷微生物菌剂

溶磷微生物菌剂是以溶磷微生物为生产菌种制成的微生物接种剂。土壤中能够将水不溶性磷转化为水溶性磷的微生物，统称为溶磷微生物。根据所作用的磷酸盐种类不同，分为有机溶磷微生物和无机溶磷微生物。在土壤中存在最多和生产中应用最广的 2 种溶磷微生物为巨大芽孢杆菌 *Bacillus megaterium* 和假单胞菌 *Pseudomonas adaceae*，其中巨大芽孢杆菌是发现最早、解磷效果最好、使用国家多、推广面积大的菌株，具有溶解磷酸三钙的能力。

（五）菌根菌剂

菌根菌剂是以菌根真菌为生产菌种制成的微生物接种剂。丛枝菌根真菌能与地球上 80% 以上的植物形成丛枝菌根，是植物根围关键的功能微生物群之一。丛枝菌根真菌作为大多数植物根系与土壤密切联系的桥梁，能够促进植物对土壤营养物质的获取，保护宿主植物根系免受病原微生物的影响，促进土壤团聚体的形成，提高土壤黏结能力，提高土壤保水、保肥功能，增强土壤抗蚀性。因此，菌根菌剂对改良土壤有实际意义，但是单靠微生物和植物对土壤进行修复，见效慢，若同时添加一些土壤改良剂，则起到活化剂和加速剂的作用。

（六）有机物料腐熟菌剂

有机物料腐熟菌剂是指能加速各种有机物料（包括作物秸秆、畜禽粪便、生活垃圾、城市污泥等）分解、腐熟的微生物接种剂。有机物料腐熟剂是由真菌、细菌、放线菌等多种微生物复合而成的生物制剂产品，能大大缩短发酵周期，减少发酵过程中氮素的挥发，同时防止恶臭的产生，从而起到提高作物品质、改良土壤物理性状、改善土壤通气与水分的渗透性和保水能力等作用。随着有机物料腐熟菌剂的不断研究，其在畜禽粪便的发酵堆肥处理、秸秆生物发酵处理等方面得到了广泛应用。

（七）病原菌拮抗菌剂

荧光假单胞杆菌、解淀粉芽孢杆菌、地衣芽孢杆菌、短小芽孢杆菌、链霉菌 R15 等对青枯病有很好的拮抗作用。在生产上，可每亩施用 3 000 亿个/g 荧光假单胞杆菌粉剂 0.5kg 苗床浇泼或 1kg 移栽时穴施；也可施用 0.1 亿 CFUs/g 多粘类芽孢杆菌 1kg 苗床浇泼或 2kg 移栽时穴施。

枯草芽孢杆菌、寡雄腐霉菌、假单胞杆菌、哈茨木霉菌等对疫霉黑胫病等有很好的拮抗作用。在烟草生产上，可每亩施用 10 亿/g 枯草芽孢杆菌粉剂 125～200g 苗床浇泼或 250～500g 移栽时穴施，或者在发病初期喷淋茎基部。

在此基础上，西南大学烟草植保研究团队组配了具有壮苗、促根、抗病作用的微生物组，形成了苗强壮和根茎康两个商品微生物拮抗菌组，用于构建烟株根际的生物屏障，取得了理想的效果。

四、生物菌剂的作用

生物菌剂是构成作物健康生长的重要基础性物质，是形成生物屏障、保障作物健康的重要活性物质。植物与微生物关系十分密切，以植物为核心，有附生微生物和内生微生物，而附生微生物包括根际微生物、叶际微生物、茎际微生物等，内生微生物则包括寄生微生物和共生微生物等。附生微生物中有一部分微生物，可以根据与寄主的互作关系，从自由生活状态突破物理屏障转变成寄生生活，从而进入寄主体内成为内生微生物，再突破化学屏障而转变成病原微生物，导致植物生病。植物周围的绝大部分附生微生物以及体内的内生微生物扮演着呵护植物健康、防御有害生物侵染，甚至与植物共存亡的角色。

一些生物菌剂内含有益微生物，对病原微生物起拮抗作用，一些微生物的代谢产物可以杀灭病原微生物。因此，这些生物菌剂的利用对于防除作物土传病害、增强作物抗病能力、提高作物品质有重要作用。

生物菌剂对农业生产起着重要作用，不仅体现在改善土壤养分供应状况，改变作物根际微生物种群，而且体现在对作物生长的促进、抗病、抗逆性等方面。在改善土壤养分供应状况方面，生物菌剂主要通过各种微生物促进土壤中难溶性养分的溶解和释放。目前市场上的生物菌剂以解磷菌和解钾菌为代表。磷细菌剂，一方面通过磷酸酯酶分解土壤中有机磷化物；另一方面通过微生物代谢，产生无机和有机酸溶解无机磷化物。钾细菌剂主要通过钾细菌代谢过程中产生的酸性物质，促使含钾的矿物质分解，从而释放钾离子。

生物菌剂主要用于基质拌菌、拌种、作物蘸根、叶面喷施、秸秆腐解和堆肥发酵等，作为一项新的农业措施，在改善作物品质、保护农业生态环境以及发展高产、优质、高效农业中的作用已引起国内外学者的普遍重视。在蔬菜生产中，恰当应用生物菌剂，可提高土壤中速效有机质含量，有效抵御一些连作病害，提高蔬菜的产量和品质。

五、生物菌剂的研究现状与发展趋势

国内外有关生物菌剂的研究应用都是从在豆科植物上应用根瘤菌接种剂开始的。目前，生物菌剂已在世界上60多个国家和地区推广应用，这些国家和地区主要分布在亚洲、南美洲、欧洲和非洲等。我国已有生物菌剂生产厂家500多家，年产生物菌肥超过100万t。我国生物菌剂的研究已跻身世界先进行列，已经面市的几个产品为农业生产的发展做出了积极贡献。

但必须清醒地认识到，虽然生物菌剂具有极其光明的应用前景，但进入市场的时间较短，其功能的发挥还没有尽善尽美，任何夸大其词的宣传和研究上的止步不前都是相当有害的。

我国自20世纪50年代从国外引进自生固氮菌、溶磷细菌和硅酸盐细菌制剂以来，先后推广使用5406抗生菌肥料、固氮绿藻肥料、VA菌根以及作为拌种剂的联合固氮菌和生物钾肥；20世纪80年代以来，推广应用由固氮菌、磷细菌、钾细菌和有机物复合制成的生物肥料做基肥施用。近年来，以土秀才、三炬生物、中农绿康为代表的生物菌剂生产厂家逐渐发展起来，在保障植物健康、增强抗性、实现农产品质量和效益方面发挥了重要作用。

从发展可持续农业、有机农业、生态农业的角度出发，从发展无污染、无公害绿色食品生产的角度出发，从减少化肥和农药的使用、减少和降低环境污染角度出发，从减轻农民负担、降低生产成本的角度出发，生物菌剂应该具有良好的应用前景。

生物菌剂发展总的趋势是所用菌种范围不断扩大，应用中强调多菌种和多功能的复合，甚至是菌剂与有机和无机物料的混合。随着科学研究的深入，微生物新的功能被不断发掘，微生物肥料科学逐渐与土壤微生物学、土壤化学、微生态学、植物病理学、基因工程、农业生物工程等学科融合渗透，并派生出许多新的研究方向，例如，研究寡糖在植物生长中的调节功能，通过有效手段调动植物自身的防御系统来对付病原微生物的侵害；利用微生物代谢产物，如活菌增长因子（益生元）来促进作物生长；对固氮结瘤因子进行研究与利用；以及基于近代微生态学理论发展起来的植物根际促生细菌（PGPR）在促进作物生长和改善作物品质中的作用研究等。拮抗菌剂的研究和发展速度很快，目前已经登记有枯草芽孢杆菌、多粘类芽孢杆菌、荧光假单胞杆菌、地衣芽孢杆菌等，可用于拮抗一些植物病害。这些拮抗菌剂可以与一些有机肥料混用，达到提升土壤质量、控制土传病害发生的目的。

微生物肥料是由一种或数种有益微生物、培养基质和添加物（载体）培制而成的生物性肥料，又称菌肥（细菌肥料）、菌剂、接种剂、生物肥料，是一种间接性肥料。它是一类含有活性微生物的特定制品，应用于农业生产中，作物能够获得特定的肥料效应。在这种效应的产生过程中，制品中的活性微生物起关键作用。

现今市场上常见的复合（混）微生物肥料有酵素菌肥、EM制剂、沃益多、苗强壮、根茎康、中农绿康菌等。这些微生物肥料与传统的微生物接种剂有明显差异，似乎可视为广义的微生物肥料。其制品不仅可以通过其所含微生物的生命活动使作物增产（某些制品中还包括数量不等的有机和无机成分），还可以改善作物品质，通过刺激植物生长、促进营养元素的吸收利用、抑制植物根际病原微生物生长而使作物产量得以增加。广义微生物肥料的概念恰好反映了当前公认的微生物肥料所具有的3个主要功效，即：增加土壤肥力、产生植物激素类物质刺激作物生长和对有害微生物的防治作用。

　　合格的微生物肥料产品应该符合相关行业标准，同时需要在农业农村部微生物肥料检验中心申报登记。我国的微生物肥料产业在生产实践中得到迅速发展，新的微生物肥料品种在不断增加，但有些微生物肥料产品的作用机理尚不完全清楚，因而出现理论研究滞后于生产实际的现象。而且，由于标准不够统一，我国农药生产企业的生产水平也不一致，有可能会使一些产品的质量受到影响。总之，作为接种剂的传统微生物肥料，其概念、内涵和使用方式都在发生明显的变化。

六、生物菌剂的使用方法

　　生物菌剂的种类不同，用法也不同。

（一）液体菌剂的使用方法

　　液体菌剂在种子上的使用有拌种和浸种 2 种方法。①拌种。播种前将种子浸入 10～20 倍菌剂稀释液或用稀释液喷湿，使种子与液态生物菌充分接触后再播种。②浸种。菌剂加适量水，浸泡种子，捞出晾干，种子露白时播种。

　　液体菌剂在幼苗上的使用有蘸根和喷根 2 种方法。①蘸根。液态菌剂稀释 10～20 倍，幼苗移栽前把根部浸入液体蘸湿后立即取出即可。②喷根。当幼苗很多时，可将 10～20 倍稀释液装入喷筒中，喷湿根部即可。

　　液体菌剂在生长期的使用有喷施和灌根 2 种方法。①喷施。在作物生长期内可以进行叶面追肥，把液态菌剂按要求的倍数稀释后，选择阴天无雨的日子或晴天下午以后，均匀喷施在叶子的背面和正面。②灌根。按 1∶（40～100）的比例搅匀后，按种植行灌根或灌溉果树根部周围。

（二）固体菌剂的使用方法

　　固体菌剂在种子上的使用有拌种和浸种 2 种方法。①拌种。播种前将种子用清水或小米汤喷湿，拌入固态菌剂充分混匀，使所有种子外覆有一层固态生物肥料时便可播种。②浸种。将固态菌剂浸泡 1～2h后，用浸出液浸种。

固体菌剂在幼苗上的使用方法为将固态菌剂稀释 10～20 倍，幼苗移栽前把根部浸入稀释液中蘸湿后立即取出即可。

固体菌剂还可通过拌肥和拌土的方法使用。①拌肥。每千克固态菌剂与 40～60kg 充分腐熟的有机肥混合均匀后使用，可做基肥、追肥和育苗肥用。②拌土。可在作物育苗时，掺入营养土中充分混匀制作营养钵；也可在果树等苗木移栽前，混入稀泥浆中蘸根。

（三）在育苗过程中添加拮抗菌剂

在育苗基质中添加拮抗菌剂，其功能首先表现为促进了苗子的健康生长和根系发育，其次还可以直接表现出抗病性，如添加假单胞菌后，烟草青枯病发病率较对照降低 41.80%；添加地衣芽孢杆菌后，烟草黑胫病发病率较对照降低 26.67%；添加枯草芽孢杆菌后，烟草根腐病发病率较对照降低 6.33%。

针对育苗基质拌菌技术，西南大学烟草植保团队开发出育苗基质拌菌专用产品苗强壮（图 6-13）。1 亩育苗基质中添加有效活菌数≥100 亿个/g 的组合菌剂（苗强壮）100g，烟苗的总体长势和抗病性能得到显著提升。2017 年，在全国 7 个示范点示范应用 2.1 万亩，取得显著成效，得到用户的一致好评。

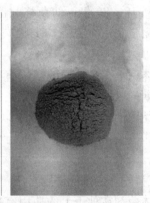

图 6-13　基质拌菌拮抗菌剂苗强壮

产品特性：该产品是一种强调根际微生物调控、增强生物屏障功能的复合菌剂，包括了多粘类芽孢杆菌、哈茨木霉等 6 种拮抗微生物。

使用方法：于大棚统一育苗期，在专用育苗基质中添加复合生物菌剂，充分混合均匀后装盘播种育苗，正常移栽。

使用剂量：每亩专用育苗基质拌100g复合菌剂。

该产品的主要特点：一是能促进幼苗早生快发，根茂叶绿；二是显著提升苗子质量，成苗率和壮苗率提升显著；三是成本低，操作简单易行，减工降本。

（四）在有机肥中拌菌

西南大学烟草植保研究团队和北京恩格兰环境技术有限责任公司联合攻关，经过多年的研究形成了调控根际微生态、抑制根茎病害的复合生物菌剂（商品名：根茎康，有效活菌数≥30亿个/g），根茎康（图6-14）是针对作物生产中有机肥活化与功效提升、土壤生物活力提高、根际生物屏障强化等需求专门研发的微生物拌肥菌剂。根茎康添加后，能够促进普通有机肥迅速转化为具有特定功效的生物有机肥，提高肥料利用率，改良土壤，有效防治根茎病害。

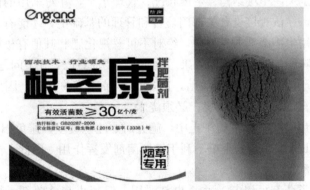

图6-14　有机肥拌菌拮抗菌剂根茎康

产品特性：根茎康是一种强调优化土壤微生物结构的复合生物菌剂，与发酵有机肥混合后施用到土壤中能有效提高有益微生物在土壤中的定殖能力。该产品包括了胶冻样芽孢杆菌、地衣芽孢杆菌、哈茨木霉等6种拮抗微生物。

使用方法和剂量：每100kg腐熟有机肥拌1kg复合菌剂。

技术优点：增加土壤有机质含量，促进微生物繁殖，改善生物活性，有利于拮抗微生物定殖。

应用效果：每100kg已经发酵好的有机肥中添加1kg根茎康混合菌剂，可使青枯病的发病时间推迟15d以上，发病率降低70％以上，去除成本每亩增收800元左右。2018年，在重庆巫山、酉阳、黔江等地应用了4.5万亩，取得了明显成效，为保障烟草健康发挥了重要作用。

七、生物菌剂使用时需注意的问题

有关专家对生物菌剂的应用情况进行分析后认为，生物菌剂作为一种生物活性材料，在理论上对改善土壤的微生态、结构，提高肥料的利用率以及提高寄主植物的抗病性等方面，有一定的益处，但是在研究、使用以及效果方面还存在不少的争议。当前农业生产中，药肥不分的现象和问题比较突出，不仅严重干扰了有关的管理工作，而且对指导生产造成了很大的影响。因此，各地在试用生物菌剂时，一定要根据实际情况，应特别关注土壤结构、生产状况、管理水平，并对采用的菌剂进行综合分析，在认真接受有关部门监督和管理的基础上，才能有条件地试用。在使用生物菌剂的过程中，绝对不可忽视化肥和其他有机肥料的作用，而一味相信某种菌剂的效果。此外，还要注意以下几个问题。

①由于生物菌剂带有活菌，施用后要保证菌的存活，因此，应注意土壤的湿度，如果太干燥，必须浇水。

②施用时应将菌剂施于土中，施完后要注意覆土，避免阳光照射。

③pH低于5.5的土壤不利于拮抗菌剂发挥作用，因此，酸性土壤必须先调酸。

④该类药剂可以与一些杀虫剂混用，但禁止与杀菌剂，特别是杀细菌的药剂混用。

⑤该类药剂应储存在干燥、通风的地方。

⑥虽然生物菌剂有增加肥力的作用，但绝不能以菌代肥。各地的情况和每一年的情况都不一样，各地在使用生物菌肥时，要进行专家会诊，并接受有关部门的管理。

⑦在有机肥中添加菌剂，一定要施用前添加，做到随配随用。

第五节　蔬菜连作病害生防菌剂的创新研究

为了有效控制蔬菜连作病害，西南大学根际微生态过程与调控研究团队从优化土壤结构、优化根际微生态环境、优化根际生物屏障、有效控制连作病害等多方面进行菌株的筛选、菌剂的研究、生产的应用等创新研究工作，取得了一定的成效。

一、生防木霉菌的分离鉴定与青枯病的防控效果评估

(一)哈茨木霉的分离与鉴定

木霉是广泛分布于世界各地的一类重要真菌，其有性型属于肉座菌属 *Hypocrea*。近年来，生物防治慢慢受到国内外研究人员的重视，木霉菌也是国内外报道十分频繁的一类真菌生防因子。因其适应环境能力强、能分泌多种抗生素类物质、诱导植物抗性、获取营养和空间竞争力强而逐渐被研究开发和应用。为了筛选对植株青枯病具有生防作用的木霉，西南大学根际微生态过程与调控研究团队分别于重庆石柱、荣昌等多个茄科作物种植区域青枯病发生地区采集土样，并在室内进行生防菌筛选与分离，最终成功筛选获得一株具有生防活性的菌株。随后团队成员对该菌进行生物学性状鉴定和分子生物学鉴定。鉴定结果显示，该菌株为哈茨木霉 *T. harzianum* 的有性型 *H. lixii* 菌株，并命名为 TMN-1 菌株（图 6-15/彩图 12、图 6-16/彩图 13、图 6-17）。

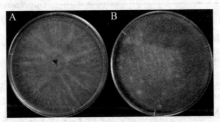

图 6-15　菌株在 PDA 上的菌落形态
注：A 为初期形态，B 为后期形态。

图 6-16　活性菌株的分生孢子梗

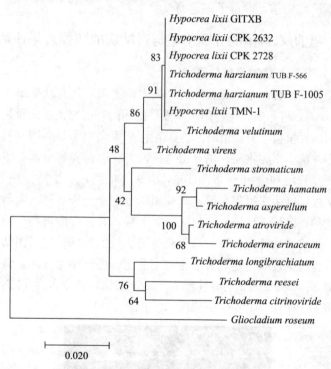

图 6-17　哈茨木霉生防菌株的亲缘进化树

（二）哈茨木霉对致病疫霉菌的抑菌评价

哈茨木霉 TMN-1 对引起黑胫病的疫霉菌有良好的抑菌活性，100h 抑菌活性为 70% 左右，120h 后为 80% 以上（图 6-18/彩图 14、图 6-19）。

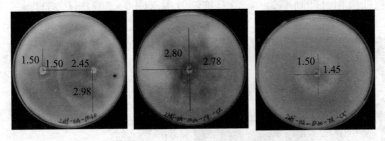

图 6-18 哈茨木霉 TMN-1 对疫霉菌的抑菌活性

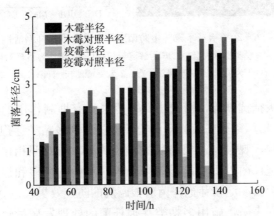

图 6-19 哈茨木霉对疫霉菌的平板抑制活性

（三）哈茨木霉对镰刀菌的抑菌效果与对根腐病的防治效果评价

平板拮抗试验结果表明，哈茨木霉、多粘类芽孢杆菌、枯草芽孢杆菌和解淀粉芽孢杆菌对尖孢镰刀菌（根腐病菌）菌丝具有一定的抑制作用，而两株荧光假单胞杆菌对病原菌无抑制效果。多粘类芽孢杆菌和枯草芽孢杆菌处理产生了明显的透明状抑菌带，镰刀菌的生长也受到了抑制，在划线两侧均无病原菌菌丝出现。哈茨木霉在平板上的生长速度较快，能快速占领平板，抑制病原菌菌丝的生长，效果显著。对 72h 相对抑制率进行计算，结果表明，哈茨木霉菌表现最好，72h 相对抑制率达 89.47%，其次是多粘类芽孢杆菌和枯草芽孢杆菌，分别为 48.78% 和 43.75%，解淀粉芽孢杆菌抑制效果较差，为 12.82%，而两株荧光假单胞杆菌相对抑制率为0，没有抑制效果（图6-20/彩图15）。

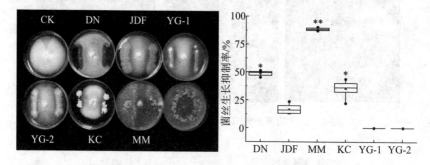

图6-20 哈茨木霉等生防菌对镰刀菌的平板抑制活性

注：DN为多粘类芽孢杆菌；JDF为解淀粉芽孢杆菌；KC为枯草芽孢杆菌；MM
为哈茨木霉；YG-1为荧光假单胞杆菌-1；YG-2为荧光假单胞杆菌-2。

经过平板拮抗试验，筛选出对镰刀菌具有抑制作用的4株生防菌
（哈茨木霉、枯草芽孢杆菌、解淀粉芽孢杆菌和多粘类芽孢杆菌）进行
室内盆栽试验，观察其对根腐病的防控效果。与对照相比，哈茨木霉
和多粘类芽孢杆菌处理均能显著降低根腐病的发病率和病情指数，而
枯草芽孢杆菌和解淀粉芽孢杆菌对根腐病的防控效果较差（图6-21）。
数据分析结果表明，施用多粘类芽孢杆菌的处理发病最轻，其次是哈
茨木霉菌处理。

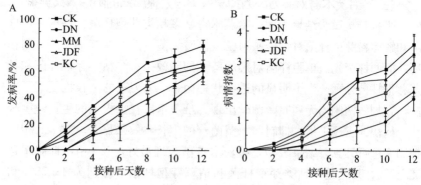

图6-21 不同处理对辣椒根腐病发病情况的影响

各处理对根腐病的相对防效见图 6 - 22，相对防效表现较好的为哈茨木霉和多粘类芽孢杆菌处理。接种第 8 天，多粘类芽孢杆菌和哈茨木霉的相对防效分别为 73.76% 和 55.42%，而同时期解淀粉芽孢杆菌和枯草芽孢杆菌的相对防效分别为 3.45% 和 32.76%。

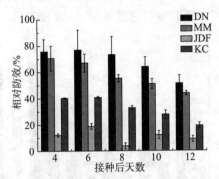

图 6 - 22　不同处理对辣椒根腐病相对防效的影响

(四) 哈茨木霉对青枯病的防治效果评价

分别在室内与田间条件下设计试验，评估哈茨木霉对青枯病的防治作用，室内试验分别设计了 1×10^6、1×10^7、1×10^8 CFUs/mL 三个浓度，调查结果表明，与对照组相比，处理组青枯病发病时间显著减缓，发病程度显著降低 (图 6 - 23)，由青枯病发病情况可以看出木霉处理后，辣椒青枯病发病延迟 1d，处理组发病率显著低于对照组，处理组间不存在显著性差异，截至发病第 7 天，相对防效可达 43.75%。

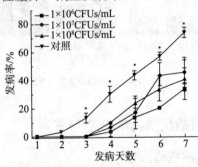

图 6 - 23　室内哈茨木霉 TMN-1 对青枯病的控制效果

对田间条件下哈茨木霉 TMN-1 处理后青枯病的发生情况进行统计，发病高峰期防效最高可以达到 75.07%，高于商品哈茨木霉的 62.03%（图 6 - 24）。

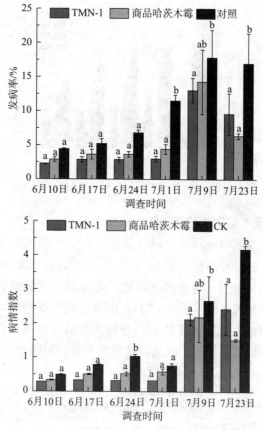

图 6 - 24　哈茨木霉处理对田间青枯病发生的影响

二、青枯病菌拮抗菌株的分离与鉴定

（一）青枯病菌拮抗菌株的分离

基于对青枯病生防菌的研究，西南大学根际微生态过程与调控研究团队在茄科作物健康植株的根际环境中分离出多株青枯菌的拮抗菌株，进一步进行培养基抑菌活性评价，采用十字交叉法，通过测量抑菌圈的大小来比较不同拮抗细菌之间的拮抗能力差异，从初筛的 49 株拮抗细菌中复筛出 24 株对青枯菌抑菌效果较好的拮抗细菌。通过将拮抗细菌和青枯菌的浓度控制在同一水平下，来对比不同拮抗细菌之间的拮抗能力差异，发现拮抗效果最好的为 LSW-1，抑菌圈直径为43.38mm，次之为 WSF-15，抑菌直径为 38.33mm，LSW-4 的拮抗效果一般，抑菌圈直径为 33.76mm（图 6 - 25/彩图 16）。

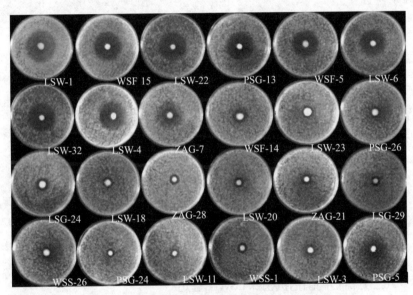

图 6 - 25　不同拮抗细菌对青枯菌的平板抑菌效果

　　进一步对所筛选的菌株进行大田试验验证，选取的地块为青枯病常年高发地，选择用常规拮抗菌株多粘类芽孢杆菌、哈茨木霉、枯草芽孢杆菌为对照，对比分析不同拮抗菌株田间的青枯病防治效果，试验结果表明，不同品种单一菌剂根际调控处理的发病率均低于对照处理，说明通过根际调控的方式能够在一定程度上影响植株的抗病性，增强植株的抵抗力（图 6 - 26）。在田间发病高峰后进行调查，发现

控病效果最好的为哈茨木霉处理和 LSW-4 处理，后期发病率同为
10%，其次是枯草芽孢杆菌处理，发病率为 15%，多粘类芽孢杆菌
处理的发病率为 43.33%，而此时空白对照的发病率为 61.67%。病
情指数的趋势与发病率一致，哈茨木霉处理和 LSW-4 处理分别为
5.56 和 5.78，多粘类芽孢杆菌处理的病情指数为 16.13，空白对照
的病情指数为 28.85。在本次试验环境条件下，哈茨木霉、LSW-4 能
够提高植株对根茎病害的抗病性，通过施用单一菌剂进行根际调控能
够提高植株的抗病能力，较好地控制青枯病的发生蔓延，保证植株的
健康发育。

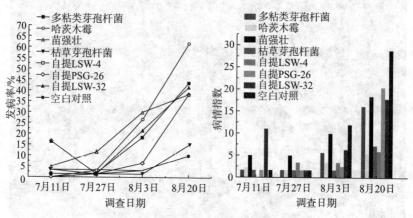

图 6-26　单一菌剂根际调控下植株青枯病的发生情况

（二）青枯病菌拮抗菌株 LSW-4 鉴定

1. 形态学鉴定

将 LSW-4 置于 TSA（胰酪大豆胨琼脂）培养基培养 48h 后，对
其单菌落的形态进行观察及革兰氏染色，观察到 LSW-4 为革兰氏阴
性菌，单菌落的形态为菌落圆形，颜色乳白色，表面光滑，边缘整
齐，中间微微隆起（图 6-27/彩图 17）。通过透射电镜，对 LSW-4
菌体形态及其鞭毛情况进行了观察，结果显示菌体形态为杆状，具有
极鞭。

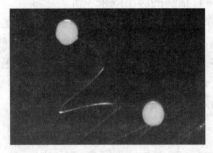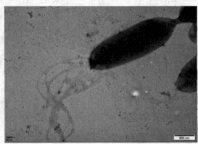

图 6-27　LSW-4 菌落形态（左）及透射电镜图（右）

2. 16S rDNA 鉴定

对分离菌株 LSW-4 进行基因组 DNA 提取，并对其 27F/1492R 片段进行 PCR 扩增并测序，序列于 NCBI 上进行 BLAST 比对，基于 14 种假单胞菌 16S rRNA 序列生成最大似然树。支持分支的 Bootstrap 值显示在节点上，并且分支的长度与散度成比例，从根际土壤中分离出的菌株用粗体表示，菌株 LSW-4 鉴定结果为荧光假单胞菌 *Pseudomonas fluorescens*，系统发育树的构建如图 6-28 所示。

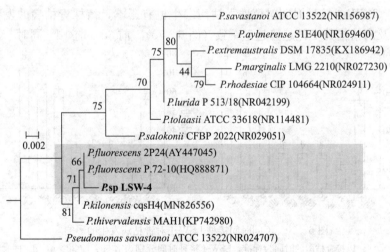

图 6-28　基于 16S rDNA 建立的 LSW-4 系统发育树

3. 青枯病菌拮抗菌株 LSW-4 对青枯病的防治效果评价

在室内盆栽条件下，拮抗细菌 LSW-4 对植株青枯病的防控具有浓度效应，即拮抗细菌 LSW-4 的浓度越高，对植株青枯病的防控效果越好（图 6 - 29）。当空白对照发病率为 83.33% 时，浓度为 1×10^9 CFUs/mL 的拮抗细菌 LSW-4 处理的植株基本不发病，1×10^8、1×10^7、1×10^6 CFUs/mL 处理的发病率分别为 8.33%、16.67%、33.33%。

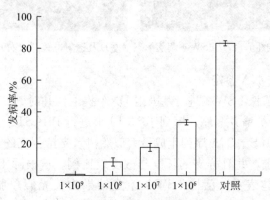

图 6 - 29　LSW-4 在不同浓度下对青枯病的影响

LSW-4 接种时间对植株青枯病发生也有影响，植株青枯病的发病率及病情指数变化趋势趋于一致（图 6 - 30）。前 3d、前 1d、同时、后

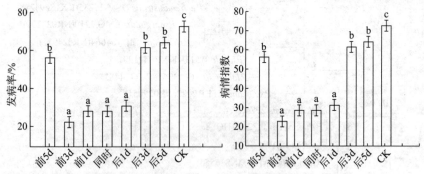

图 6 - 30　不同时间接种 LSW-4 对青枯病发生的影响

注：以接青枯菌的时间为标准，LSW-4 接种时间分别为前 5d、前 3d、前 1d、同时、后 1d、后 3d、后 5d，CK 为清水对照。

1d 处理与前 5d、后 3d、后 5d 处理间存在显著性差异，不同处理与清水对照之间也存在显著性差异。各处理之间效果最好的为在接种青枯菌的前 3d 接种拮抗细菌 LSW-4，发病率为 22.22%，清水对照发病率为 72.22%，防治效果为 69.23%。

三、拮抗青枯菌的种子内生菌分离与活性评价

(一)青枯病菌拮抗内生菌的分离

基于对青枯病生防菌的研究，西南大学根际微生态过程与调控研究团队使用 TSA、NA（营养琼脂）、KB（金氏 B）培养基，从抗青枯病烟草品种种子内分离出多株青枯菌的拮抗菌株，进一步进行平板条件下的抑菌活性评价，采用平板喷菌的方法初步评价所分离的内生菌的拮抗活性，采用十字交叉法测量抑菌圈的大小来比较不同内生菌之间拮抗能力的差异，从分离的近 200 株细菌中筛选出 6 株对青枯菌拮抗作用突出的细菌，结果显示（图 6-31/彩图 18），6 株拮抗菌的拮抗效果突出，拮抗效果最好的为 G3-NA-9，抑菌圈直径为 55.32mm；次之为 G3-TSA-6，抑菌直径为 38.35mm；其次为 G3-KB-1，抑菌圈直径为 38.10mm；GZ36-KB-1 的抑菌效果一般，抑菌圈直径为 25.10mm。

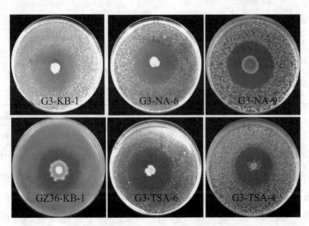

图 6-31 不同拮抗内生菌对青枯菌的平板抑菌效果

（二）青枯病菌拮抗内生菌的鉴定

1. 形态学比较

不同拮抗内生菌在对应培养基上培养 48h 后，菌落形态表现出显著差异（图 6-32/彩图 19）。G3-NA-6 单菌落的形态为菌落圆形，颜色黄色，表面光滑，边缘整齐，中间微微隆起；其他菌株颜色为乳白色，除 G3-NA-9 和 G3-TSA-4 的形态为不规则形外，剩余单菌落的形态均为菌落圆形，表面光滑，边缘整齐，中间微微隆起。

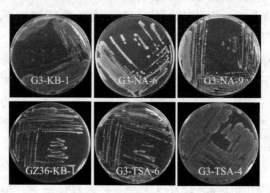

图 6-32　青枯病菌拮抗内生菌菌落形态

2. 16S rDNA 鉴定

对分离出的拮抗内生菌株进行基因组 DNA 提取，并对其 27F/1492R 片段进行 PCR 扩增并测序，序列于 NCBI 上进行 BLAST 比对，得到内生菌的初步分类鉴定结果（表 6-2）。

表 6-2　基于 16S rDNA 的内生菌初步分类鉴定

菌株	引物	NCBI 对比结果
G3-KB-1	27F/1492R	*Pseudomonas protegens*
GZ36-KB-1	27F/1492R	*Pseudomonas kairouanensis*
G3-TSA-6	27F/1492R	*Bacillus altitudinis*
G3-TSA-4	27F/1492R	*Pseudomonas protegens*
G3-NA-9	27F/1492R	*Pseudomonas parafulva*
G3-NA-6	27F/1492R	*Pseudomonas protegens*

3. 青枯病菌拮抗内生菌的解磷、固氮能力评价

内生菌具有固氮、解磷能力，可以增强土壤中营养物质的释放，因此被认为是促进植物生长的可能机制。对前期拮抗青枯菌效果较好的内生菌株进行解磷、固氮能力评价，结果如表 6-3 所示。

表 6-3 内生菌解磷、固氮能力评价

菌株	固氮能力	解磷能力
G3-KB-1	√	√
GZ36-KB-1	√	√
G3-TSA-6	√	√
G3-TSA-4	√	√
G3-NA-9	√	√
G3-NA-6	√	√

4. 青枯病菌拮抗内生菌对青枯病的防控效果评价

探究在室内盆栽条件下，不同拮抗内生菌（拮抗内生菌剂量为 $1 \times 10^8 CFUs/mL$、10mL，3d 后病原菌青枯雷尔氏菌的接菌剂量为 $1 \times 10^8 CFUs/mL$、10mL）对青枯病的防治效果。在整个发病期，菌株 G3-KB-1 和 G3-TSA-6 的病情指数均低于空白对照，且 G3-TSA-6 处理的病情指数发展曲线较为平缓（图 6-33）。由此，得出结论，3 种拮抗内生菌中，菌株 G3-TSA-6 对青枯病的防控效果最好，菌株 G3-KB-

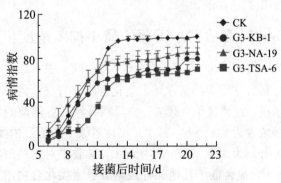

图 6-33 拮抗内生菌对青枯病病情指数的影响

1的效果次之。这些研究表明，从植物内生菌中分离获得的拮抗细菌可用于进一步开发成可以控制青枯病发生的生物制剂。

第六节　抑病植物次生代谢产物的创新研究

在自然界长期进化过程中，植物为了适应环境胁迫（生物胁迫和非生物胁迫），进化出复杂的适应机制，如植物特殊的结构和生理变化、高效的免疫系统进化和具有缓压作用的次生代谢产物合成。植物次生代谢产物种类繁多，具有结构多样化及生物活性广泛等特点。当植物受到生物或非生物胁迫时，通过初级代谢产物或其他生物合成途径合成次生代谢产物，主要包括类萜代谢途径、苯丙烷类代谢途径、生物碱代谢途径和聚酮类化合物代谢途径等。其中，苯丙烷类次生代谢产物在植物生长、抗逆性和化学防御等方面发挥着重要作用。近年来，关于香豆素类化合物（一类苯丙烷类代谢产物）在植物营养利用（铁元素和磷元素）、植物抗病性、植物生长及病原微生物致病力调控方面的研究较为深入，当植物受到病毒、真菌等病原微生物侵染时，香豆素类化合物会在侵染部位迅速积累，抑制病原微生物生长，构筑植物的化学防御系统。

为筛选出能够有效降低生物屏障中病原微生物侵染活性的香豆素类天然活性化合物，选择了3种有代表性的羟基香豆素类化合物（Hydroxycoumarins，Hycs），系统评价了伞形花内酯、秦皮乙素、瑞香素对青枯菌生物活性的影响。

一、Hycs对青枯雷尔氏菌的最小抑菌浓度和最小杀菌浓度

采用二倍稀释法测定羟基香豆素类化合物对青枯菌的最小抑菌浓度和最小杀菌浓度，结果显示（表6-4），瑞香素对青枯菌的抑菌活性最好，最小抑菌浓度为64mg/L，其次是秦皮乙素、伞形花内酯和香豆素，最小抑菌浓度分别为192、256、384mg/L。瑞香素对青枯菌的最小杀菌浓度为64mg/L，显著低于其他几种羟基香豆素类化合物，其中秦皮乙素、伞形花内酯和香豆素的最小杀菌浓度分别为192、384、512mg/L。

表6-4　羟基香豆素类化合物对青枯菌的最小抑菌浓度和最小杀菌浓度

单位：mg/L

化合物	最小抑菌浓度	最小杀菌浓度
香豆素	384	512
伞形花内酯	256	384
秦皮乙素	192	192
瑞香素	64	64

计算青枯菌培养12h和24h的抑菌率和线性回归方程，结果表明，培养12h后，瑞香素、秦皮乙素、伞形花内酯和香豆素对青枯菌的抑制中浓度（IC_{50}）分别为9.46、25.12、37.76、57.53mg/L（表6-5）；培养24h后，瑞香素、秦皮乙素、伞形花内酯和香豆素对青枯菌的抑制中浓度（IC_{50}）分别为24.83、67.85、90.95、169.37mg/L。总体而言，羟基香豆素类化合物对青枯菌的抑制效果为瑞香素＞秦皮乙素＞伞形花内酯＞香豆素。

表6-5　羟基香豆素类化合物对青枯菌的抑制效果

化合物	12h			24h		
	抑制中浓度/（mg/L）	95%置信限	卡方值	抑制中浓度/（mg/L）	95%置信限	卡方值
香豆素	57.53	44.65～79.38	2.41	169.37	120.43～318.95	0.55
伞形花内酯	37.76	31.18～45.23	1.46	90.95	77.62～112.82	1.18
秦皮乙素	25.12	21.02～29.28	3.79	67.85	60.16～77.75	1.34
瑞香素	9.46	7.23～11.53	0.21	24.83	21.92～27.78	4.33

二、Hycs对青枯雷尔氏菌存活率的影响

采用荧光染色法评价不同羟基香豆素类化合物处理后青枯雷尔氏菌的存活率，具体方法为将青枯菌与100mg/L的羟基香豆素类化合物孵育4h，细菌悬浮液用SYTO9和PI（碘化丙啶）荧光试剂染色。

SYTO9 是一种能够与 DNA 强力结合的荧光染料，可快速透过活细胞完整的细胞膜，并与 DNA 紧紧结合，在紫外光激发下发出绿色荧光，可用于标记活细胞；PI（Propidium Iodide），不能通过完整的细胞膜，但可通过细胞膜损伤的细胞或死细胞，对 DNA 双链进行染色，并在紫外光激发下发出红色荧光。由图 6 - 34A/彩图 20 可知，对照处理（DMSO）的青枯菌基本上都是活细胞且具有完整细胞膜，经过 SYTO9 染色后全部呈现绿色，存活率为 92％以上，相对而言，羟基香豆素类化合物处理后，青枯菌的存活率显著降低，其中瑞香素处理后，青枯菌细胞基本上呈现红色荧光，表明这些细胞的细胞膜有破损或者细胞死亡；伞形花内酯、秦皮乙素、瑞香素处理后，青枯菌的存活率分别为 63.61％、17.81％、7.23％（图 6 - 34B）。与对照相比，瑞香素和秦皮乙素处理后，青枯菌细胞发生了聚集效应。

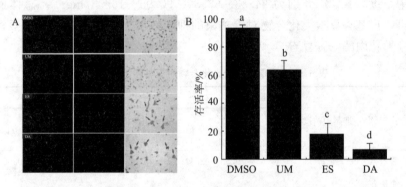

图 6 - 34 羟基香豆素类化合物对青枯雷尔氏菌抑菌效果的影响

注：A 为羟基香豆素类化合物处理后，青枯雷尔氏菌的荧光显微图像（用 SYTO9 和 PI 染色）；伞形花内酯（UM）、秦皮乙素（ES）、瑞香素（DA）的浓度均为 100mg/L，对照为二甲基亚砜（DMSO）；B 为羟基香豆素类化合物对青枯雷尔氏菌存活率的影响。

三、伞形花内酯对青枯菌Ⅲ型效应蛋白编码基因 *ripX* 转录表达的影响

为进一步深入研究羟基香豆素类化合物对青枯菌Ⅲ型分泌系统 T3SS 及其分泌的效应蛋白 T3Es 转录表达的调控作用，选用伞形花内

酯（抑制 $RipX$ 表达效果最佳的一种羟基香豆素类化合物），通过 RT-PCR 系统评价伞形花内酯对Ⅲ型分泌系统 T3SS 及效应蛋白 T3Es 转录表达，结果表明，与对照相比，伞形花内酯处理后青枯菌的 $RipX$ 转录表达水平显著降低，随着伞形花内酯浓度的增加（6.25mg/L 至 50mg/L），该化合物对 $RipX$ 基因的表达抑制率逐渐提高（图 6-35）。50mg/L 伞形花内酯处理的 $RipX$ 相对表达量为 0.16，显著低于对照处理（DMSO）的 $RipX$ 相对表达量（1.24），表达量降低了 80.67%。相比于对照，伞形花内酯 25、12.5、6.25mg/L 浓度处理对 $RipX$ 基因表达的抑制率分别为 71.42%、69.30%、56.06%，说明伞形花内酯对青枯菌 $RipX$ 基因表达的抑制效果具有剂量效应。

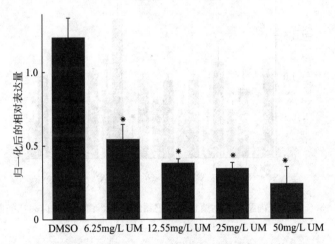

图 6-35 伞形花内酯（UM）对青枯菌Ⅲ型分泌系统效应基因 $RipX$ 转录表达的影响

四、伞形花内酯对青枯菌Ⅲ型分泌系统效应蛋白编码基因转录水平的影响

青枯菌主要通过 hrpG-hrpB 或 prhG-hrpB 途径，调控下游效应蛋白 T3Es 的分泌，HrpB 是 AraC 家族的转录调控因子，位于 hrp 基因簇的最下游，结合启动子控制整个 hrp 基因簇 T3Es 基因的转录和表达。研究发

现，伞形花内酯能够抑制 $hrpB$ 的转录表达，因此评价了这一种化合物对青枯菌Ⅲ型效应基因表达的影响。平均每个青枯菌菌株含有 60～75 个 T3Es，其中核心蛋白有 30 个左右，因此挑选了其中的 10 个保守效应蛋白作为测定基因。由图 6-36 可知，伞形花内酯能够不同程度地抑制大部分效应蛋白编码基因的表达（如 $RipX$、$RipD$、$RipP1$、$RipR$、Rip-TAL 和 $RipW$），与对照相比，$RipX$、$RipD$、$RipP1$ 等效应基因的表达量降低了 50%～80%。部分效应蛋白编码基因（$RipB$、$RipE$、$RipO$ 和 $RipQ$）的表达不受伞形花内酯处理的影响。

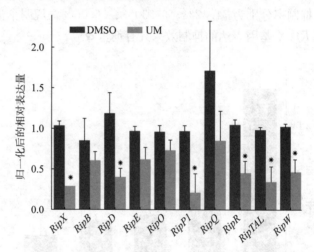

图 6-36　伞形花内酯对青枯菌Ⅲ型分泌系统效应蛋白编码基因表达的影响

五、伞形花内酯对青枯菌其他致病相关基因表达的影响

为了测定伞形花内酯对青枯菌致病调控网络中其他致病相关基因表达的影响，选择群体感应和Ⅱ型分泌系统关键基因 $PhcA$，群体感应调控基因 $PhcB$、$PhcR$、$PhcS$、$PehS$、$PehC$，胞外多糖合成与分泌关键基因 $XpsR$、$EpsE$，运动性调控基因 $VsrC$ 等致病基因作为测试基因，通过 RT-PCR 测定伞形花内酯处理下青枯菌基因的表达变化。结果表明，在所测定的 9 个致病相关基因中，伞形花内酯处理下青枯菌致病基因的表达量与对照（DMSO）相当，不存在显著差异（图 6-37）。

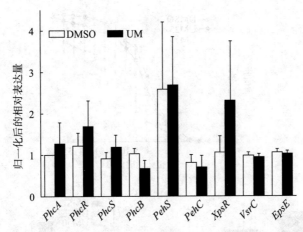

图 6-37　伞形花内酯对青枯菌其他致病基因表达的影响

六、伞形花内酯对青枯菌侵染植株致病力的影响

为了证实伞形花内酯是否通过抑制青枯菌 T3SS 和 T3Es 转录表达来降低青枯菌侵染致病力，通过室内盆栽试验，将伞形花内酯和青枯菌混合培养后，采用无伤根接种，评价伞形花内酯对青枯菌致病力的影响。结果表明，相比于对照，50mg/L 伞形花内酯显著影响了青枯病的发病（$P < 0.05$），主要表现为推迟青枯病的发生，降低青枯病的发病程度（图 6-38A）。25mg/L 的伞形花内酯也能降低青枯病的发生，但与对照之间不存在显著差异（$P > 0.05$）。

进一步评价伞形花内酯对烟草根部和茎基部含菌量的影响。结果表明，接菌后 4d，伞形花内酯处理显著降低了青枯菌在寄主根部的定殖量，50mg/L 的伞形花内酯处理后，烟草根部的含菌量为 4.84×10^5 CFUs/g，对照处理（DMSO）处理的根部含菌量为 2.28×10^6 CFUs/g（图 6-38B）。随着接种时间的增加，寄主茎基部含菌量逐渐增加，伞形花内酯也降低了青枯菌在植株茎基部的含菌量，相比于对照，50mg/L 的伞形花内酯在接菌后 4d、7d、10d 显著降低了茎基部含菌量，降幅分别为 21.18%、21.96% 和 17.45%（图 6-38C）。

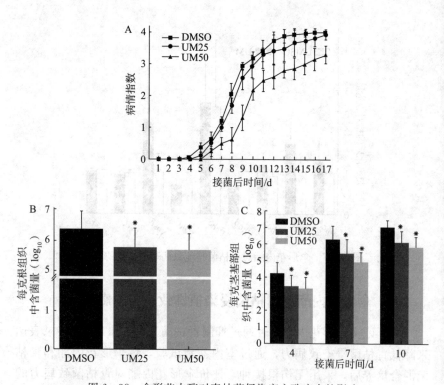

图 6-38　伞形花内酯对青枯菌侵染寄主致病力的影响

注：A 为伞形花内酯对青枯病病情指数的影响；B 为水培环境中，伞形花内酯对根部含菌量的影响；C 为伞形花内酯对茎基部含菌量的影响。

第七节　化学调控产品及应用技术

一、防治蔬菜连作病害的药剂种类

根据多年的研究结果，遵循安全、高效、残留低、副作用小的原则，筛选出防治蔬菜连作病害可使用的药剂 42 种，其中单剂 16 种，复配制剂 15 种，不同剂型 11 种，微生物菌剂 8 种。其中，控制根黑腐病的有 2 种，控制黑胫病（疫霉）的有 23 种，控制青枯病的有 8 种，控制根结线虫的有 9 种。相关药剂的应用技术要点见表 6-6。

表 6-6　防治蔬菜连作病害的可选药剂及使用技术要点

序号	产品名称	防控对象	有效成分常用量	有效成分最高用量	施药方法	最多使用次数	安全间隔期/d
1	70%甲基硫菌灵可湿性粉剂	根黑腐病、腐病	1 000 倍液	800 倍液	喷淋、窝施	2	15
2	25%甲霜·霜霉威可湿性粉剂	黑胫病、枯萎病、晚疫病	800 倍液	600 倍液	喷淋茎基部	2	10
3	72%甲霜·锰锌可湿性粉剂	黑胫病、马铃薯晚疫病	800 倍液	600 倍液	喷淋茎基部	2	10
4	68%精甲霜·锰锌水分散粒剂	黑胫病、马铃薯晚疫病	每亩 68g	每亩 81.6g	喷淋茎基部	2	10
5	64%噁霜·锰锌可湿性粉剂	黑胫病、马铃薯晚疫病	每亩 130g	每亩 192g	喷淋茎基部	2	10
6	80%烯酰吗啉水分散粒剂	黑胫病、马铃薯晚疫病	每亩 18.75g	每亩 25g	喷淋茎基部	2	10
7	50%氟吗·乙铝可湿性粉剂	黑胫病、马铃薯晚疫病	每亩 40g	每亩 50g	喷淋茎基部	2	10
8	20%辛菌胺醋酸盐水剂	枯萎病、镰刀菌根腐病	每亩 20g	每亩 30g	喷淋茎基部	2	10
9	50%吲唑磺菌胺水分散粒剂	黄瓜霜霉病、马铃薯晚疫病	每亩 5g	每亩 7.5g	喷雾		10
10	10 亿/g 枯草芽孢杆菌粉剂	青枯病、根腐病等	每亩 100g	每亩 125g	喷淋茎基部	4	10
11	100 万孢子/g 寡雄腐霉菌可湿性粉剂	黑胫病	每亩 5g	每亩 10g	喷淋茎基部	4	10
12	3 000 亿个/g 荧光假单胞杆菌粉剂	青枯病	每亩 560g	每亩 660g	灌根	4	10

（续）

序号	产品名称	防控对象	有效成分常用量	有效成分最高用量	施药方法	最多使用次数	安全间隔期/d
13	10亿CFUs/g解淀粉芽孢杆菌可湿性粉剂	青枯病	每亩150g	每亩200g	浸种、苗床泼浇、灌根	4	10
14	0.1亿CFUs/g多粘类芽孢杆菌细粒剂	青枯病	每亩1250g	每亩1700g	浸种、苗床泼浇、灌根	4	10
15	52%氯尿·硫酸铜可溶粉剂	青枯病	每亩35g	每亩46.22g	灌根	3	10
16	25%溴菌·王菌铜微乳剂	青枯病	每亩13.75g	每亩15g	喷雾	3	10
17	3%阿维菌素微囊剂	根结线虫	每亩23g	每亩30g	穴施	1	10
18	10%噻唑膦颗粒剂	根结线虫	每亩150g	每亩200g	撒施	2	10
19	9%甲维·噻唑膦水乳剂	根结线虫	每亩25mL	每亩35mL	灌根、穴施	1	10
20	25%阿维·丁硫水乳剂	根结线虫	2500倍液	2000倍液	灌根	1	10
21	25%丁硫·甲维盐水乳剂	根结线虫	每亩6.25g	每亩8.75g	灌根、穴施	1	10
22	100亿芽孢/g坚强芽孢杆菌可湿性粉剂	根结线虫	每亩800g	每亩1200g	穴施	2	
23	2.5亿个孢子/g厚孢轮枝菌微粒剂	根结线虫	每亩1500g	每亩2000g	穴施	1	
24	5亿活孢子/g淡紫拟青霉颗粒剂	线虫	每亩0.5kg	每亩1kg	穴施	1	
25	希植牡蛎硅粉	线虫、青枯病	每亩100kg	每亩200kg	撒施、条施	1	

二、蔬菜连作病害精准用药的关键

根据病原种类，选择针对性的药剂。青枯病病原为细菌，黑胫病病原为卵菌，根黑腐和镰刀菌根腐病病原为真菌，线虫为动物，其防治药剂是不一样的。

连作病害的控制要以拮抗菌群的增施为用药核心，构建生物屏障，预防病害发生。土壤保育是基础，酸化土壤要调酸，同时加大农家肥用量；采用基质拌菌（每亩苗子100g苗强壮），穴施菌剂，有机肥拌菌（100kg有机肥拌1kg根茎康菌剂），占领生态位，抑制病原微生物，促进作物健康生长。

线虫、青枯病等发病重的区域，穴施＋发病初期灌根，灌根后培土控制效果突出。青枯病发病重的区域，移栽前，窝施乙蒜素或者噻菌酮进行处理，降低病原基数；团棵期时，每亩采用3 000亿个/g荧光假单胞杆菌粉剂600g灌根；也可采用0.1亿CFUs/g多粘类芽孢杆菌1 500g灌根，间隔7～14d，连续用药2次。

青枯病、线虫必须在侵染前用药，镰刀菌根腐病和根黑腐病可以在发病初期用药。

对于一些根系发育不良，或者不能早生快发的植株，可在防治药剂中添加适量的生根粉或胺鲜酯，以促进根系发育，增强抵抗力。

基于微生态调控的主要蔬菜
病害防治技术规程

第一节 茄科作物青枯病的微生态
调控技术规程

一、茄科蔬菜青枯病的发生与危害

　　青枯病是典型的土传细菌性维管束病害，是世界范围内广泛传播、危害严重且难以防治的毁灭性病害之一。青枯病主要发生于全球南北纬45°之间的区域，包含热带、亚热带以及部分温带地区，并且随着全球气候变暖，青枯病发生逐渐向高纬度的冷凉地带扩散。我国于20世纪30年代首次报道青枯病在花生上的发生与危害。此后，青枯病从华南、东南向东北、华北不断发展，以中部平原、西南山区、南方沿海地区受害最严重，目前国内仅澳门和西藏地区未见报道。

　　青枯病的病原菌为茄科雷尔氏菌 *Ralstonia solanacearum*，最开始被称为茄科假单胞菌 *Pseudomonas solanacearum*，后来经 Yabuuchi 等 (1995) 鉴定而更名。茄科雷尔氏菌是一种土壤习居菌，能侵染54个科的450余种植物，其寄主范围仅次于农杆菌 *Agrobacterium tumefaciens*。茄科雷尔氏菌为革兰氏阴性菌，具有严格好氧的特性，菌体呈短棒状、两端钝圆，大小为 (0.5~0.7) $\mu m \times$ (1.5~2.0) μm，无芽孢及荚膜，具有1~4根鞭毛，最适宜的生长温度为28~33℃，最适宜的 pH 为 6.6。

　　目前，茄科雷尔氏菌的分类方法主要有4种。第一种是根据寄主范围，将茄科雷尔氏菌划分为5个生理小种 (physiological race)，侵染花生的属于 1 号生理小种，并且寄主范围最为广泛，不仅能侵染花生，还能侵染茄科和十字花科作物。第二种是根据对 3 种二糖的利用能力及 3 种己醇的氧化产酸能力，将茄科雷尔氏菌划分为 5 个生化变种（physiological biovar），其中侵染花生的 3 个生化变种分别是生化变种Ⅰ、Ⅲ和Ⅳ。第三种是基于复合种概念，依据地理起源的不同将茄科雷尔氏菌划分为 4 个演化型，分别为亚洲型（Asiaticum, phylotype Ⅰ）、美洲型（Americanum, phylotype Ⅱ）、非洲型（Africanum, phylotype Ⅲ）和印度尼西亚型（Indonesian, phylotype Ⅳ）。第四种是基于第三种分类方法，结合遗传物质的结构和功能而提出的演化型分类方法，将茄科雷尔氏菌划分成 4 个水平，分别为种（species）、演化型（phylotype）、序列变种（sequevar）和克隆（clone），并依据这 4 个水平划分为演化型Ⅰ、Ⅱ、Ⅲ和Ⅳ，它们在地理起源上分别与亚洲型、美洲型、非洲型和印度尼西亚型 4 个分支对应。

青枯病菌主要通过流水、土壤、人、畜、昆虫、农机具等多种途径传播，也能经实生种子传播。病原菌可以在土壤中长期存活，时间从半年至 25 年不等。病原菌可随病残体在土壤中越冬，可以通过移栽苗子传到地里，也可随雨水或浇灌水快速传播。植株初显症时出现中午短时萎蔫现象，次日萎蔫时间增长，在高发条件下萎蔫时间短、枯死快。非高发条件下萎蔫时间长、枯死慢，有的甚至能逐渐恢复。

青枯病菌的侵染过程为细菌从伤口、气孔等途径进入根系，沿维管束向上，侵染细胞，破坏传导功能，青枯菌群体数量大，分泌胞外多糖聚集后，更容易堵塞导管，在中午光照强烈、水分输导不畅的情况下，植株自然萎蔫。若维管束细胞堵塞严重、坏死多（侵染危害重），则萎蔫时间短甚至很快直接枯死，因此青枯现象比较普遍。

青枯病有发病急、重的特征，应预防，宜早防。但普通药剂持效期短、抑病作用有限，即便控制住病害，一旦病害复发，再次用于治疗会因为抗药性影响治疗效果，甚至出现急症时无药可用的尴尬局面。青枯病每年危害情况不同，具有一定的偶发特征，很多农户放弃预防，病害在高发条件下显症时，往往具有急、重特征，病症难以解除，甚至难以控制病菌蔓延。

二、影响作物青枯病发生的关键因子

（一）影响作物青枯病发生的非生物因子

连作年限的增加会导致土壤理化性质恶化、酚酸类物质浓度增加和土壤酶活性降低，也会导致植物的根际分泌物组分发生变化。比如连作种植后，土壤中氮、磷、钾、铁等元素含量下降，而土壤养分的变化与青枯病的发生有密切关系。连续种植的花生土壤中酚酸类物质如油酸、香草酸、对羟基苯甲酸等大量积累，导致土壤 pH 下降，不仅会对花生植株产生毒害作用，还会刺激土壤病原微生物生长。而且茄科雷尔氏菌对高浓度酚酸类物质环境的适应性较其拮抗菌强，这也进一步揭示了连作诱发花生青枯病发生的潜在机制。花生连作超过 5 年后，土壤中过氧化氢酶、磷酸酶、脲酶等的活性下降并达到最低值。在青枯病发生后，土壤中的代谢物质及活性发生变化，例如，脲酶、过氧化氢酶、β-葡萄糖苷酶等的活性均明显低于健康土壤。此外，相较于健康植株，感病植株的根际分泌物中含有相对比例较高的茄科雷尔氏菌无法利用的碳源，可在一定程度上抑制病原菌在根系定殖。健康的土壤中也含有茄科雷尔氏菌，但是其相对丰度较低，不过随着连作年限不断增加，土壤微环境不断朝着有利于茄科雷尔氏菌生长的方向发展，使其逐步在土壤中占据主导地位，进而导致花生青枯病发生。

通过调整种植制度、改良土壤 pH 和生物炭吸附等措施调控土壤结构、理化性质，对实现防治青枯病的土壤微生态调控具有重要作用。调整种植制度可以改变由连作引发的土壤生态破坏，改良土壤微生物区系，进而减轻青枯病的发生。轮作种植被认为是青枯病农业防治措施中最经济、有效的方法，可以优化土壤菌群结构，最终减少病原菌数量、阻断病原菌生活史和定向变异。研究发现，土壤孔隙度低对土壤菌群生长不利，而轮作可以提高土壤的非毛管孔隙度，并且相比于连作而言提高了土壤中细菌的数量及比例，在防控青枯病方面有一定程度的积极作用。此外，间作也可以优化土壤微生态结构，例如花生与烟草间作。轮作时，需要选择青枯病的非寄主植物，包括西瓜 *Citrullus lanatus*、甘蔗 *Saccharum officinarum*、油菜 *Brassica rapa*、禾本科作物等。同时，由于青枯病菌是严格好气型细菌，因此采用水旱轮作也可以有效防控青枯病。土壤pH与青枯病发病有密切关系，茄科雷尔氏菌最适宜生长的pH为6.6，较有益菌群能更好地适应酸性土壤，因此土壤过酸会加重青枯病的发生。适当调控土壤pH至碱性可在一定程度上减轻青枯病的发生，一般可施用一定量的石灰、草木灰、过磷酸钙等。此外，在不适宜的土壤环境中，某些元素也会提高青枯病的发病率，如酸性土壤中，$100\sim300mg/kg$的铝离子会加速青枯病发生。生物炭作为一种土壤改良剂，具有改善土壤的理化性质、调节土壤菌群结构和吸附作用，对防治青枯病具有重要意义。首先，生物炭可以通过改善土壤pH、土壤中的聚合物含量等土壤理化性质，促进有益菌群生长，以此防治青枯病。其次，生物炭可以作为土壤中有益微生物的载体，使众多有益微生物在根际有效定殖，有益微生物的富集可以调节根际微生物群落结构，从而降低青枯病的发病率。最后，生物炭还具有吸附根际分泌物的能力，使病原菌在趋化作用下远离植物根际，从而抑制病原菌的运动能力，减少病原菌在根际的定殖数量，抑制青枯病的发生。

　　根系分泌物对青枯菌在土壤中的存活既可为积极的促进作用，也可为强烈的抑制作用。一方面，根系分泌物可为青枯菌提供各种赖以生存的资源，从而促进青枯菌的生长。另一方面，根际分泌物的构成会影响土壤微生物群落内部结构及其与病原青枯菌之间的相互作用，进而影响青枯菌的根际定殖。此外，植物根系分泌物也可以抑制病原菌，调节土壤菌群，在防控青枯病中起到重要作用。例如，辣椒 *Capsicum annuum* 根系分泌物中的邻苯二甲酸二异辛酯（DIOP）和二苯并呋喃（DBF），番茄 *Solanum lycopersicum* 根系分泌物中的咖啡酸都能在一定程度上抑制病原菌的生长。同时，植物根际分泌物的化学组分也不可忽视，根系分泌物中的碳磷比降低、碳氮比增加、水杨酸含量降低，均对病原菌的生长有明显的抑制作用。

　　植物的营养水平与其防御机制密切相关，最终会影响土传病菌的存活水平和侵染效率。土壤养分元素（如氮、磷、钾）含量处于较低水平时，会通过调控寄主植物的生长而间接影响土壤青枯菌的存活。

合理、科学地施肥是稳定土壤理化性质和改善土壤微生物生存空间及土壤养分的唯一选择，适当地提升土壤中的养分含量可以有效缓解青枯病发生，土壤养分调控主要通过化肥、有机肥的联合施用来实现。施用富含氮、磷、钾等大量元素的肥料，不仅可以满足作物的营养需求和提高产量，还对防控青枯病有重要作用。以土壤氮素为例，植株对青枯病的抗性不仅与病原菌对氮素的利用率有关，还与其所处土壤环境中的氮素供给能力有关，氮素水平升高或下降都可能提高青枯病的发病率。随着土壤中病原菌相对丰度的增加，某些参与反硝化作用的菌属的相对丰度也会随之增加，使土壤氮素水平降低，发病率提高。在实际生产中，微量元素肥料和有机肥的施用常被忽略，但土壤中的微量元素和有机肥对防控青枯病具有不可忽视的作用。研究发现，植株根系吸收土壤中的硅、锰、铁等微量元素能有效防治青枯病，这些微量元素可以增强土壤的缓冲能力、保持离子平衡和提高养分的有效性，有助于保持土壤理化性质和微生物群落稳定，增强土壤的抑病能力。此外，土壤中的铁元素被证实与青枯病发病息息相关，例如，铁元素可以诱导病原菌发生"非致病性"表型转换，铁元素在土壤中的分配情况与病原菌的增殖密切相关。有机肥作为土壤营养资源的投入来源，是调控土壤微生态的一种有效手段，对植物健康具有积极影响。有机肥主要通过改变根际主导菌群和促进微生物间的相互作用来防控青枯病。研究表明，长期施用有机肥可使土壤中的有益菌群不断富集，形成抑病型的根际菌群，增强土壤生态系统应对生物干扰的能力。当致病菌入侵后，施加了有机肥的植株根际茄科雷尔氏菌的丰度显著低于不施加有机肥的植株，施加了有机肥的土壤中的脲酶、磷酸酶、过氧化氢酶活性均远远高于不施加有机肥的土壤，并且不施加有机肥的土壤青枯病发病率较高。另外，有机肥还可以促进微生物之间的捕食，减少共生的致病菌含量，有效抑制病害的发生。

土壤理化性状（如含水量、温度和 pH 等）也可影响青枯病的土壤存活。高湿环境下，寄主存在时，土体中青枯菌的存活量会显著提升，因为土壤含水量高会导致寄主防御病菌的相关基因表达下调，进而使得寄主根表青枯菌的存活量增加。但是，当土壤含水量过高，土壤呈厌氧状况时，青枯菌则可能会因呼吸作用受阻引起土体存活量降低。土壤升温会在一定程度上改善土壤的理化环境（如加快有机质分解、增加营养元素的浓度），但当温度达到一定程度后（如70℃），其对青枯菌土壤存活影响最终表现为抑制。由于土壤温度和水分传导均与土壤容重密切关联，因而土壤容重也与土壤中青枯菌的存活存在关联。

农艺措施（如耕作制度、灌溉和施肥等）也会显著改变青枯菌的土体存活、根际存活和根表存活状况。不过，任何调控措施的本质均是通过改变农田土壤的生物和非生物因素来实现的。灌溉会导致青枯菌的暴发，这或与青枯菌在水分较高的环境下能够以较自由的形式存活有关。

（二）影响作物青枯病发生的生物因子

抗病品种选育被认为是最有效的防治花生青枯病的方法，也是引入根际有益菌群的一种有效方法，但抗病品种选育存在缺乏环境变化下表现稳定抗性的优良亲本，抗病品种的产量水平普遍低于非抗病品种，以及抗病品种对其他病虫害的兼抗性差等局限性。

连续种植花生会导致土壤的微生物群落结构和数量发生显著变化，微生物组功能受到抑制。研究表明，连续种植花生使土壤的微生物群落组成从细菌型主导转变为真菌型主导，同时细菌、放线菌数量及有益微生物相对丰度显著降低，有害微生物相对丰度增加。连作15年的土壤中，细菌和放线菌数量较对照组分别减少39.1％和50.0％，真菌数量显著增加至对照组的369％。土壤中有益微生物，例如芽孢杆菌属 *Bacillus*、链霉菌属 *Streptomyces*、沙壤土杆菌属 *Ramlibacter* 和溶杆菌属 *Lysobacter* 等丰度降低会造成根际微环境的抑菌效果减弱。研究表明，青枯病发病土壤中有益微生物，例如鞘脂菌属 *Sphingobium*、假单胞杆菌属 *Pseudomonas*、微杆菌属 *Microbacterium* 等的相对丰度低于健康土壤，这与连作花生土壤中的微生物分布特性相一致。在青枯病感病土壤中，茄科雷尔氏菌成为优势菌，同时，感病土壤中潜在致病微生物、腐生微生物的比例有所提高，这与连作花生土壤的微生物分布特征相一致。

另外，茄科雷尔氏菌数量峰值出现在发病高峰期而非发病末期，且青枯病发病率与发病末期青枯菌数量显著相关。连作花生的土壤微生物组功能受到明显抑制，例如，与微生物通信和植物促生有关的群体感应途径，以及青霉素、头孢菌素和异喹啉生物碱等多种生物合成途径显著减弱。其中，青霉素、头孢菌素和异喹啉生物碱是常用的抗生素，能有效抑制青枯病等土传病害。随着连作年限的增加，土壤中的微生物群落结构及其功能朝着有利于青枯病发生的方向发展，促进了花生青枯病的暴发。

青枯菌在土壤中的存活会受到土壤微型动物的影响。根结线虫能破坏寄主根部组织，提高青枯菌根际侵染的成功率，如 Furusawa 等（2019）发现青枯菌和根结线虫在根际的共同侵染会加重番茄青枯病害。原生动物作为土壤食物网中的消费者，能通过捕食作用直接影响青枯菌（韦中等，2021）。Xiong 等（2020）发现在整个植物生长周期中，田间土壤原生生物与青枯菌的种群动态变化紧密相关；健康植物与发病植物在苗期根际土壤原生动物数量上存在显著差异；原生动物与青枯菌在相对丰度上呈显著负相关。马超等（2018）将青枯菌接入土壤后发现，其在第 56 天的存活数量与初始土壤鞭毛虫和变形虫的总数成反比，从而说明原生动物的捕食作用抑制了外来青枯菌的活动。这可能是由于原生动物捕食迫使土壤微生物产生了抑菌性物质，从而间接抑制了病原青枯菌（Jousset et al.，2008）。

土壤细菌和真菌对青枯菌土壤存活的影响主要通过资源竞争、拮抗抑制和产生抑菌分泌物等途径来实现。例如，解淀粉芽孢杆菌可通过竞争根系分泌物来降低根际青枯菌的种群密度和致病性，黄杆菌可通过降低与青枯菌凝集素结合的糖供应，从而抑制寄主存在状况下土体中的青枯菌；荧光假单胞菌产生的挥发性有机物（vlatile organic compounds，VOCs）会抑制寄主存在时土体中青枯菌的生长，抑制率可达 32%；黄曲霉产生的 VOCs 对共培养环境中青枯病菌的生长抑制作用较之无菌对照可提升 4 倍。

土壤细菌群落的物种多样性与病原青枯菌的入侵存活之间呈负相关关系。究其原因或为以下两点：一是根际土著微生物群落代谢较快，留给入侵者的资源有限；二是与根际微生物群落中的资源利用连接度高、嵌套度低以及土著菌-青枯菌生态位重叠度高等有关。Hu 等（2016）研究发现，接种至根际的有益假单胞菌的基因型越多样，根际青枯菌的密度就越低。Li 等（2019）通过研究群落物种间相互作用关系对青枯菌入侵作用的影响发现，物种之间呈促进关系的根际菌群会促进青枯菌入侵，而呈拮抗关系的则会抑制青枯菌入侵。

噬菌体是一类在土壤中普遍存在、专性侵染细菌的病毒，可通过对病原菌的精准裂解，压制病原菌的数量。研究表明，温室条件下裂解型噬菌体可通过阻断青枯菌表面多糖（致病因子之一）的形成，减少病害发生。Murugaiyan 等（2011）发现，将丝状噬菌体 PE204 与病原菌同时施用后，丝状噬菌体 PE226 可感染根际中的青枯菌，降低寄主植物的发病率。此外，提高专性噬菌体的丰度也可显著抑制根际青枯菌的丰度，且其抑制作用间接改变了土著菌群的组成和多样性，使得高度拮抗青枯菌的细菌类群增加。噬菌体侵染使青枯菌对生防细菌产生的拮抗物质更加敏感，削弱了青枯菌在根际环境中的竞争能力，进而有效降低了根际土壤青枯菌的数量。

引入生防菌株调控土壤微生态的一项重要措施是施用生物菌剂，生物菌剂通过调控土壤微生态，有效改良土壤微生物区系和防治青枯病，其专一性、低毒性可以保障农业的可持续发展和提高农业生产效率与质量。生物防治是目前防治青枯病的主流方法（占比高达 54％），被认为是最有前景的青枯病防治手段。通常运用具有生物防治作用的植物根围促生菌（plant growth-promoting rhizabacteria，PGPR）对青枯病进行防治，根围促生菌具有诱导植物系统抗性（induced systemic resistance，ISR）和促生的作用。根围促生菌菌株通过与致病菌竞争营养源、供给根际和土壤养分、分泌拮抗物质、诱导植株抗性、杀灭致病菌等抑制青枯病的发生，具有经济、绿色、安全、可持续的优点，同时也有见效慢、专一性强、稳定性差的局限性。

目前已知的生防根围促生菌包括芽孢杆菌属 *Bacillus*、假单胞杆菌属 *Pseudomonas*、链霉菌属 *Streptomyces* 等。除上述生防菌属外，还可以利用产细菌素的无致病力茄科雷尔氏菌（ABPS）来抑制青枯病，这类菌株可以从自然变异的菌株中筛选分离，也可以经诱变获得。

ABPS 可以入侵植物，但不会引起植物萎蔫，其主要防治机制为产生抗生素、竞争生存位点与营养源、诱导植株产生抗病性。有研究将 ABPS 作为植物疫苗在植物苗期进行接种，用以提高花生的过氧化物酶活性，形成植株的免疫抗病特性，达到延缓和防治青枯病的目的。此外，还可以采用噬菌体组合的方式降低茄科雷尔氏菌的数量，从而抑制青枯病发生。

微生物菌株除了防治病害以外，还能改善土壤的理化性质、提升土壤品质，例如，微枝形杆菌 Microvirga 具有固氮作用，多噬伯克霍尔德氏菌 Burkholderia multivorans 可以降解磷酸盐。近年来，根际菌群移植已经成为防控青枯病的重要方向之一。研究者从处于营养生长阶段的寄主根际菌群中分离获得了部分菌株，将这些菌株进行移植后，发现青枯病发病率降低了 30.4%～100%。另外，有研究将具备根际免疫能力的抗性植株的根际菌群移植到易感敏感植株受体根际，发现青枯病的发生率降低了 47%，且移植成功的根际菌群均以供体的核心拮抗型有益细菌为主，此方法有效提高了植株的根际免疫能力。

三、基于微生态调控的青枯病绿色防控技术规程

茄科作物青枯病是由青枯雷尔氏菌 Ralstonia solanacearum 引起的一种毁灭性土传病害，植株感染后，主要症状为枯萎、发黄，最终导致整株枯死，对茄科蔬菜的产量和质量影响巨大，给菜农造成严重的经济损失。目前，以四川、江西、湖南、福建、台湾、广东、广西东部、安徽南部、重庆、贵州等地为害最为严重，个别年份常暴发流行，防治十分困难。

针对青枯病的防治技术，国内外学者研究从农业措施、化学、生物等方面进行防控。正确的农事操作是防治青枯病的基础，目前防治青枯病的农业措施主要包括选育抗病品种、平衡施肥、合理轮作与套作、选择无病壮苗移栽、做好田间卫生管理等。化学药剂防治是防治青枯病的主要措施，具有快速、高效的优点，但目前还没有针对青枯病的特效药剂，加之青枯病菌地理分布和寄主范围广泛及生存能力强等因素导致在生产上防治困难，同时过度使用化学防治有使病原菌产

生抗药性、对环境和人类健康造成威胁等一系列负面问题。生物防治相比于化学防治具有环境友好、不易产生抗药性的优点，目前已报道了多种可用于青枯病防治的生防菌，如假单胞菌属 *Pseudomonas* 具有根际定殖、产生多种抗生素、诱导植物产生系统抗性等多种生防机理，具有广阔的生防前景；芽孢杆菌属 *Bacillus* 具有繁殖快、营养简单、有效活菌数量高等优点，在病害防治上取得了较好的效果。但是生防菌剂受环境因素影响较大，容易失效，应用受到了限制。单独采用某一种措施，虽然在一定程度上可以减轻青枯病的发生，但是仍然存在一定的局限性。因此将农业措施、生物防治、化学防治结合起来，坚持预防为主、综合防治的方针，运用土壤调酸技术、拮抗菌剂基质拌菌技术、有机肥拌菌技术、抗性诱导技术、精准用药技术等手段综合调控根际微生态环境，同时补充叶面中微量元素，能全方位多层次地防治青枯病。

（一）技术原理

采用"一基础（健康栽培基础）、二优化（优化土壤结构、优化有机肥配方）、三屏障（根围、根内和植株内生物屏障）、四平衡（酸碱平衡、营养平衡、微生态平衡、病原与寄主互作平衡）、五调控（调酸、调营养、调益生菌、调抗性、调药剂）"为导向的绿色生态防控理念，运用土壤调酸技术、拮抗菌剂基质拌菌技术与有机肥拌菌技术、抗性诱导技术、精准用药技术等调控根际微生态环境，及时补充叶面中微量元素，以提高栽培蔬菜健康，达到有效保证根际健康与提高蔬菜产质量的目标。

（二）关键技术要点

1. 强化健康栽培措施的落实

选择好的地块：强化土壤基础条件的管理，避免选用酸化严重、没有深耕、有机质含量不足、常年发病严重的地块。核心示范区地块尽量选择在冬前已经深耕，或者有绿肥翻压处理的地块。

实行轮作：种植茄科作物2～3年后换种禾本科作物或其他非寄主作物1年，避免与茄科作物轮作；或者与非寄主作物间作或套作，积极推进茄科作物与红薯、十字花科蔬菜的轮作。

做好开沟排水：实行高垄栽培（垄高 30～40cm），降低土壤湿度，特别注意避免在蔬菜根部积水。

合理施肥：平衡营养，减施氮肥，增施磷钾肥，保证每亩足够量的有机肥。

保证整齐移栽：用于移栽的苗子一定要健康、整齐、没有灰霉病等病害的发生，尽量在苗床内把整齐一致的健苗挑选出来。移栽时苗子的深浅一致，放入穴中后，有苗不见苗，要浇足水分，保证带水、带肥（提苗肥）、带药（消灭地下害虫和蜗牛的药剂）措施的全面实施。

推进小培土技术：在苗子长出地面 5cm 左右时，采用小型培土装置或者人工进行扩膜护茎小培土。一定要采用植株周围的土进行培土，不要用垄下土，也不要用硬土块，避免伤害幼嫩的茎秆。

及时中耕除草：坚决杜绝在茄科蔬菜生长过程中施用灭生性除草剂，要及时防治地下害虫和其他病害。

生长期进行田间调查：早期出现零星病株时，及时用消毒剂消毒，避免病毒扩散传播，发病严重的病株及时拔出，带出田间销毁，发病株周围用生石灰等进行消毒处理。

2. 育苗基质拌菌技术，增施益生菌，构建根际生物屏障

选用西南大学根际微生态过程与调控研究团队研制的苗强壮复合微生物菌剂在育苗时提前处理育苗基质，抢占根际生态位，平衡根际微生态，构建根际健康微生物屏障。还可以选用以下生物菌剂：3 000 亿个/g 荧光假单胞杆菌粉剂 200g；0.1 亿 CFUs/g 多粘类芽孢杆菌细粒剂 500g；西南大学筛选的菌株 LSW-4 按 1×10^7 的浓度与基质混合。

推荐用法：育苗基质与苗强壮菌剂混匀（有条件的地方在装盘前 7d 与育苗基质均匀混合，覆盖塑料薄膜堆放后，翻动混合均匀），装入育苗盘正常播种育苗即可。

推荐用量：每亩地用苗量（大约 1 000 株幼苗）基质添苗强壮菌剂 100g。如因为量少不好混匀，可先用 1 000g 育苗基质与 100g 苗强壮混匀后，再与剩余基质均匀混合。

注意事项：保持基质的疏松度和通透性良好，保持育苗池的水温

和棚温，注意控制苗棚内温度，水温太低会影响效果。一般杀菌剂和杀虫剂不影响效果，基质内不能添加对细菌有杀伤作用的药剂。

3. 改良酸化土壤，调节土壤 pH，补充中微量元素

采用希植优、牡蛎钾进行土壤 pH 的调节，补充钾、磷等大量元素，补充硅、钙、镁、锌等中微量元素，平衡土壤营养，消除连作障碍。

推荐用法：希植优、牡蛎钾起垄时撒施或者条施；也可与一般有机肥或者复合肥现混现用，混匀后做底肥施用。

推荐用量：土壤 pH 4.5～5.5 时，每亩用希植优或牡蛎钾 100～200kg；pH 4.5 以下时，用 200～300kg，分 2 次施用；pH 5.5～6.0 时，用 50～100kg；pH 6.0 以上时，用 20～50kg。

4. 增施有机肥，推进有机肥拌菌，活化有机肥，构建根围生物屏障

蔬菜种植区要大量增施发酵好的有机肥或者农家肥，尽量减少化肥的施用量。在施用有机肥时，采用根茎康菌剂活化有机肥，促进有益微生物增殖，提升有机肥养分转化和利用率。

推荐用法：采用根茎康菌剂与发酵好的商品有机肥现混现用，也可在生产自制有机肥，最后一次翻堆装袋时，将根茎康菌剂添加到有机肥中，搅拌均匀后装包，起垄时条施。

推荐用量：每 100kg 有机肥与 1kg 根茎康菌剂混用。如果因为量少不好混匀，可先用 30～50kg 有机肥与 10kg 根茎康混匀后，再与 1t 有机肥均匀混合。

如果有机肥在施用时没有来得及混用益生菌剂，可在移栽时穴施或者起垄时条施每亩 1～2kg 的根茎康菌剂。

5. 抗性诱导

在移栽时，可采用西植宝 1 号（生根剂＋杀菌剂＋营养元素）兑水浇灌，以进行早期根际消毒，促进根系发育。施用量参照说明书。在团棵和旺长期，采用东莨菪内酯或者水杨酸进行叶面喷雾处理，提升植株的抗病性。

推荐用法：按照推荐稀释倍数配制抗性诱导物质水溶液，采用喷

雾装置均匀喷施到植株叶表面。

推荐用量：5 000 倍液（东茛菪内酯与药液的质量比为 1∶5 000），每亩药液喷洒量不超过 50kg，施药 1～2 次。

6. 叶面喷施微量元素

于旺长期，采用希植美 1 号叶面肥进行叶面微量元素补充；在生长中后期，采用希植美 2 号进行叶面喷施，增强植株对根茎病害的抵抗力，提升蔬菜质量，预防叶部病害。

推荐用法：按照推荐稀释倍数配制叶面肥水溶液，采用喷雾装置均匀喷施到植株叶表面。

推荐用量：1 000 倍液（希植美与药液的质量比为 1∶1 000），每亩药液喷洒量不超过 50kg。

7. 精准用药

对于茄科作物青枯病，一定要以健康栽培、优化土壤结构作为控病的关键。对于化学药剂，要掌握关键时期，精准施用。移栽时，对于常发的区域，在移栽当天要穴施 LSW-4 菌株的发酵液，或者采用西植宝 1 号和定根水一起浇施。发病初期，即田间出现零星的萎蔫叶片时，采用土一杰或者 42% 的三氯乙氰尿酸每亩 200～500g 稀释 1 000 倍对准根基部浇灌，要尽量多兑水，以确保根部湿透。

（三）应用成效

茄科作物青枯病的有效防控一直是生产中一个重要的技术问题，探究绿色、高效、经济的青枯病防控技术具有重要的实践意义。本技术规程针对连作区域青枯病发生严重、损失巨大的实际问题，在长期研究和实践的基础上，集成基于微生态调控的连作蔬菜青枯病绿色防控技术体系，运用土壤调酸技术、拮抗菌剂基质拌菌技术、有机肥拌菌技术、抗性诱导技术、精准用药技术、中微量元素补充技术等，根据发病情况和蔬菜长势，恰当应用各项技术，取得了防控茄科作物青枯病的成功。

要将本技术规程的措施顺利开展，应在农业措施上要做好改土、轮作，做好田间卫生管理，培土等技术一定要到位，合理安排农事操作时间，避免经常到地里进行农事操作。青枯病在高温高湿情况下会迅速暴发，因此在高温高湿到来之前，要提前预防。土壤调酸技术、有机肥拌菌技术、抗性诱导技术、中微量元素补充等预防措施要保质保量完成，这在一定程度上会加重菜农的负担，增加劳工，可适当地将这几种措施与农事操作结合，减少用工。在病害发生的初期采用化学防治，及时进行消毒处理，发病后要及时采收，最大程度上减少损失。

第二节　蔬菜根腐病的微生态调控防治技术规程

一、蔬菜根腐病的发生特点

蔬菜根腐病会造成根部腐烂，吸收水分和养分的功能逐渐减弱，最后全株死亡，主要表现为根部变黑，逐渐腐烂；整株叶片发黄，随后脱落，最终植株枯萎死亡。根腐病属于典型的土传真菌性病害，是植物根部或根系受病原菌浸染或不良环境因子影响而引起的一类病害，根腐病发生范围广，花卉、蔬菜、果树、大田作物和中药材等作物中均有发生，且容易传染、防治困难，是农业生产上的一种毁灭性病害，具有"植物癌症"之称。一般生产上所说的"根腐病"包括多种不同的症状表现，如黄腐型、干裂型、髓烂型、湿腐型、茎基干枯型、急性青枯型等。20 世纪初，在加拿大以及日本发现的番茄根腐病，研究表明其致病菌是尖孢镰刀菌 *Fusarium oxysporum*，为国内外首次报道。1998 年，我国桑维钧等人首次报道烟草镰刀菌根腐病在贵州的发生危害情况。

镰刀菌根腐病的病原菌在土壤中和病残体上过冬，是翌年的主要初侵染源。病原菌的致病过程一般包括接触、侵入、潜育、产生损伤等几个阶段。其发生与气候条件关系很大，发病时间一般多在 3 月下旬至 4 月上旬，5 月进入发病盛期。植物根部受线虫、害虫危害后产生伤口，使病原菌侵入，这也是根腐病的发病原因。根腐病通常由多种病原菌复合侵染导致，但不同地区和相同地区不同年份，因气候、季节、温湿度和生态条件不同，其优势菌种类也可能不相同，同时致病菌的致病性会明显分化并形成不同生理小种。病菌以菌丝和菌核在土壤和病残组织中存活较长时间，发病后防治较困难，采用单一措施防治难以取得防效。根腐病的发生主要与品种、连作、耕作方式、害虫等因素有关。物理防治和化学防治是目前防治根腐病的主要措施和手段。

根腐病的病原种类很多，从广义上讲，一些导致根腐烂的镰刀菌、串珠霉、根腐线虫、大丽轮枝菌、青枯病菌等都可以导致根腐。本节所指的根腐病病原主要有三类：疫霉菌、腐霉菌和镰刀菌。其中，镰刀菌是目前最主要的根腐病致病菌，尖孢镰刀菌引发的作物根腐病是世界性病害，在各国均有发生，给蔬菜作物的生产造成了严重危害。

镰刀菌又称为镰孢霉菌，是世界性分布的土传真菌病原菌，可以侵染多种植物，使被侵染植物出现根腐、穗腐等症状。近几年，在我国河南、云南、贵州、安徽等地由镰刀菌引起的烟草根腐病的发病呈现上升趋势，发病烟株茎基部以上部位较健康烟株出现叶片变黄、萎靡，根系表皮腐烂，易破碎脱落，维管束变褐，严重时茎基部至主根腐烂坏死，木质部变褐、变黑并沿根茎向顶端扩展。在高温高湿的夏雨季节，雨后的高温会加快镰刀菌根腐病在大田的发病速度，造成重大经济损失。

镰孢霉引起西芹、茴香、紫苏等作物发生根腐病，西葫芦、黄瓜、甜瓜、大豆等作物发生枯萎病，还引起西芹腐烂病、番茄和西葫芦果腐病、大白菜和西蓝花萎蔫病、苦瓜红粉病、大豆荚腐病等病害的发生。尖镰孢霉 *Fusarium oxysporus* Schl. 引起芫荽根腐病、草莓根腐病与果腐病的发生。菠菜尖镰孢霉、西瓜尖镰孢霉分别引起菠菜、西瓜发生根腐病。尖镰孢霉的番茄、茄子、西瓜、冬（节）瓜、瓠瓜、菜豆、蚕豆专化型分别引起对应作物发生枯萎病，萎蔫专化型、嗜管专化型分别引起辣椒、豇豆发生枯萎病，苦瓜专化型和金黄尖镰孢霉均引起苦瓜发生枯萎病。腐皮镰孢霉 *F. solani* (Mart.) App. et Wollenw. 引起辣椒、茄子、冬寒菜根腐病。腐皮镰孢霉的瓜类、菜豆、豌豆、蚕豆专化型分别引起各作物发生根腐病（包括蚕豆茎基腐病），大豆专化型和直喙镰孢霉均引起大豆发生根腐病。芳香镰

孢霉 *F. redolens* Wt. 引起洋葱根腐病，禾赤色镰孢霉 *F. graminearum* Schw. 引起甜玉米发生茎基腐病，蔫萎座镰孢霉 *F. bulbigenum* Cke. et Mass. 引起食用百合发生茎腐病。

蔬菜根腐病被感染的部位主要是植株的茎基部和根部，在整个生育期均可发病。受到感染后的植株长势微弱且迟缓，此时，主要是根茎部表皮呈现腐烂水浸现象，但发病症状不向上蔓延，地上部植株叶片仅呈现轻度萎蔫状态，到傍晚就能恢复正常。如果这种现象得不到重视，持续几天之后，下部叶片就开始枯黄且出现病斑，然后遍布整个植株，最后导致整个植株全部枯死。后期植株主根下部颜色呈现褐色且出现腐烂症状，发病部位水腐，植株枯死，最终剩下的维管束会呈现出丝麻状，产生粉红色的霉状物。

二、影响蔬菜连作根腐病发生的因素

根腐病的病原菌可以以菌丝体、厚垣孢子的形式在病株残体、土壤或杂草中越冬，可在低温、厌氧等恶劣环境中存活很长时间；一旦遇到适宜的温度和营养条件，病原体就可以迅速打破休眠，从作物根系或茎基部侵入，并在患病部位产生大量分生孢子，分生孢子可以随流水传播或随人为农事操作传播，引发再侵染。因此，该病害的流行与气候、土壤条件、耕作措施以及作物品种等因素具有密不可分的关系，连作地块、土壤通透性差、排水不良、土壤营养不平衡以及高温高湿的环境都容易引起该病害的发生。

（一）土壤营养因素

众所周知，长期施用化肥和化学农药会导致土壤矿化、板结和物理性状的不良，营养元素严重失衡；而蔬菜种植过程中存在长期连作且大量施用化肥农药的现象，导致上述问题在蔬菜种植区中十分普遍。研究发现，蔬菜地中硝态氮含量随着连作年限的增加而呈上升态势，而硝态氮的增加会促进病原镰刀菌的增殖。

微量元素缺乏往往引起植物发生病害。长期的人工种植和连续种植单一蔬菜，导致作物大量吸收土壤中元素，使元素含量由丰足变成缺乏，严重影响了作物产量及病害的发生。同时，同一种作物对养分的吸收是有特定规律的，特别是对中微量元素的特定吸收。蔬菜田中，微量元素缺失现象普遍，蔬菜地养分比例不协调，对植物生长发育、蛋白质合成、物质运输和抗逆性等均有明显的抑制作用，作物自身的抗性降低，容易引起病害的发生。例如，铜元素作用于植物的多种代谢，是植物所必需的微量元素，对几乎所有真菌病原和多种细菌有控制作用，与真菌病害的发生密切相关；土壤中磷含量与植物对铁的吸收密切相关，根际中大量磷的存在会抑制植物对铁的吸收；而铁、锰两种元素之间存在强烈拮抗作用，铁元素的缺失将造成锰元素的大量积累而引起作物锰中毒。因此，当诸如铜、铁等元素缺失时，根腐病的发生就可能会加重。

（二）土壤 pH

土壤 pH 是影响连作蔬菜根腐病发生的关键环境因子之一。研究表明，在培养条件下，镰刀菌菌丝和孢子在 pH 4.0～11.0 时均能生长和萌发，最适 pH 为 7.0。在大田中，镰刀菌在 pH 4.4～6.5 的偏酸性条件下容易发生，偏碱性的土壤环境对蔬菜根腐病的发生有较好的抑制作用。调节土壤 pH，优化土壤环境，可促进益生菌的快速增殖，有效抑制病原菌的发生和危害。

（三）自毒物质

自毒作用是一种特殊的化感作用，指植物通过淋溶、腐解、根系分泌等途径向土壤环境释放化学物质，直接或间接抑制自身生长甚至产生毒害的现象。葫芦科、茄科和十字花科的作物，如生姜、辣椒、黄瓜等自毒作用的发生较为普遍。植物自毒作用与其根系分泌的酚类、酚酸类化合物密切相关。研究表明，植物根系分泌的酚酸类物质对根际有益菌有抑制作用，如阿魏酸对枯草芽孢杆菌 $Bacillus\ subtilis$ 的生物量有抑制作用，苯甲酸与苯丙酸分别在大于 $2\mu g/L$ 和 $3\mu g/L$ 时能抑制拮抗菌短短芽孢杆菌 $Brevibacillus\ brevis$ 的生长。与此同时，这些酚酸类物质还会促进病原菌的生长，如黄瓜根系分泌的自毒物质中的羟基苯甲酸、阿魏酸、苯甲酸、肉桂酸等会刺激禾谷镰刀菌 $F.\ graminearum$ 的生长而导致黄瓜枯萎病发生加剧；阿魏酸、苯甲酸、肉桂酸在 0.1mmol/L 的浓度下对尖孢镰刀菌 $F.oxysporum$ 孢子萌发与菌丝的生长均有较强的促进作用而诱导甜瓜枯萎病的发生；黄瓜根系分泌的自毒物质对尖孢镰刀菌的生长具有明显的促进作用而促进黄瓜枯萎病的发生；外源添加 $75\mu g/g$ 与 $150\mu g/g$ 肉桂酸后，烟草根际真菌中镰刀菌属的比例显著增加至 79.93% 与 69.96%。总而言之，病原菌能更好地利用作物累积的自毒物质，从而比拮抗菌更易定殖于作物根部，进而造成土传病害的发生；而烟草自毒物质对根腐病的病原镰刀菌的生长具有明显的刺激作用，因此增加了烟草根腐病发生的概率。

（四）土壤微生物

土壤微生物作为土壤生态系统的重要组成部分，每克土壤中就有大约一百亿个微生物，与植物生长和健康有着密不可分的联系。土壤微生物变化是影响植物土传病害最重要的因子之一，益生菌在控制植物土传病害中的重要性已经得到了研究人员的广泛认可。土壤微生物组的部分微生物具有拮抗土壤病原菌的功能，对抑制病原体入侵或在根部组织间的二次传播具有重要作用。然而，土壤微生物群落多样性往往会由于连作而降低，土壤微生物结构由"细菌型"向"真菌型"转化；有益微生物，如芽孢杆菌、假单胞杆菌、放线菌等的生物量减少，而镰刀菌、链格孢等病原真菌逐渐富集。大量研究表明，健康土壤和土传病害（根腐病、青枯病、黑胫病、线虫病等）发生土壤的微生物群落组成存在巨大差异，因此，当蔬菜根部微生物组成朝着有利于生防菌而不利于病原菌的方向发展时，连作蔬菜的根腐病就可以被有效控制。

三、蔬菜根腐病的绿色防控关键技术

（一）镰刀菌根腐病的农业防治

目前常用的农业防治的方法有采用无病种子种苗，土壤有机改良，生物熏蒸，改进栽培方法和耕作制度，加强田间卫生管理。

合理的栽培管理是提高植株抗病性的保障，可以营造出不利于病原菌存活的环境，对于作物土传病害防控具有重要意义。长期的实践证明，结合不同地区的种植特点，合理进行轮作是减少土壤中病原体数量、提高作物营养平衡的重要手段；高起垄、深挖排水沟、防止茎基部积水可以有效减轻根腐病的发生与危害；同时，及时中耕松土可以消除土壤板结、增加土壤通透性，有利于促进植株根系发育、破坏病原菌滋生的条件；此外，农田及时清残、冬季深翻晒田对于降低病原菌生物量也有重要作用。在肥料选用上，要避免大量施用化肥，合理补充钾肥和中微量元素肥料，以平衡植株营养、提高抗病性；最佳的肥料是土壤改良有机肥，这些肥料含有诸如腐植酸、菜籽饼肥、芝麻饼肥、粪肥等土壤改良剂，不仅可以提升蔬菜品质，而且对于提高土壤通透性、消除土壤板结以及增加土壤微生物多样性有着独特的作用。

防控作物根腐病的重要措施之一是抗病品种的选育。但由于镰刀菌种类复杂、小种分化多样，抗病品种的持效期在逐渐缩短，而发现新的抗性品种持续过程较长，给育种工作带来了一定难度。近年来，随着分子技术的突飞猛进，越来越多的致病相关因子逐渐被发现，为育种工作带来了前所未有的契机并提供了相对充分的理论基础。目前国外科研人员已利用分子标记辅助育种技术选育出多个抗番茄根腐病（由尖孢镰刀菌引起）品种。国内试验研究表明，精品红美女、花绣球、红色樱桃、中杂 9 号、强丰、毛粉 802、L402 等品种抗性较好。

（二）镰刀菌根腐病的化学防治

化学防治是镰刀菌根腐病防治中最直接，也最有效的手段。在病害发生早期，使用 75％百菌清进行灌根可达到较好的防治效果。陈高航（2013）在室内进行了 72％甲霜灵锰锌、70％代森锰锌、70％多福、75％百菌清以及金法力枯草芽孢杆菌对分离自烟草的尖孢镰刀菌的抑制作用研究，发现药品的稀释倍数越高，对尖孢镰刀菌的抑菌率越低，抑菌效果最好的两种药品为 75％百菌清、70％代森锰锌。陈志敏（2009）同样对分离自烟草的尖孢镰刀菌使用 10％苯醚甲环唑悬浮剂、58％甲霜灵锰锌可湿性粉剂、20％三唑酮可湿性粉剂、50％使百功可湿性粉剂进行平板抑菌试验以及室内盆栽试验，并对这五种药品进行复配剂室内毒力试验，综合经济效益和增效作用，确定世高与瑞毒脱的复配剂（配比为 1：4）防效最为显著（达到 79.7％）。最近的研究表明，丙硫菌唑-戊唑醇复配对层生镰刀菌 *F. proliferatum* 有很好的抑制效果；嘧菌酯、苯并噻二唑、丙硫菌唑、丙环唑、戊唑醇等对尖孢镰刀菌引起的枯萎病防效较好；咪鲜胺水乳剂可以有效抑制由镰刀菌引起的果腐病。这些研究都可以为抑制根腐病的化学药剂筛选提供重要参考。

化学防治是防治镰刀菌根腐病见效最快的方法，但具有污染大、对动植物影响大、环境残留等问题，因此在规范化学药品的使用，防止不合理使用以及过量使用的同时，要本着"早发现，早处理"的原则及时跟进病害发生情况，在病害发生早期使用最小的环境代价获得最大的防治效果。

（三）镰刀菌根腐病的生物防治

利用自然界中广泛存在的微生物及其代谢产物防治植物根腐病是一个研究热点。研究表明，多种细菌对根腐病病原菌具有较好的拮抗效果。至今，用于土传病害根腐病防治的生物防控菌剂有很多，以芽孢杆菌为主；农作物的生物防治作为对环境友好的防治方法，近年来得到越来越多人的推广，新筛选的生防菌以及使用生防菌制备的菌肥产品层出不穷。木霉 *Trichoderma* spp. 作为农业生产中常见的生防菌，在小麦、玉米、黄瓜、棉花、苹果、香蕉、柑橘等农作物种植过程中得到了很好的应用。蚕豆根腐病的生物防治方式主要是通过拮抗菌种以及提高植株抗性的方式。研究发现，哈茨木霉拌种、绿色木霉施用、枯草芽孢杆菌灌根以及哈茨木霉拌种＋高浓度喷雾沟施对达坂城本地大蚕豆和小蚕豆根腐病的发病率均有显著抑制效果，蚕豆根际土壤菌落结构分析表明，哈茨木霉和绿色木霉直接抑制了根腐病病原菌镰刀菌的发生（段晓东等，2014）。田艳艳等（2015）对洛阳烟区不同生长时期的土壤样品进行分离筛选生防木霉，筛到对尖孢镰刀菌具有生防作用的哈茨木霉 *Trichoderma harzianum* Rifai、棘孢木霉 *Trichoderma asperellum* Samuels、深绿木霉 *Trichoderma atroviride* Karsten、毛簇木霉 *Trichoderma velutinum* Bissett，Kubicek & Szakacs。何亚登（2019）以烟草茄病镰刀菌 *Fusarium solani* 为靶标菌，以实验室筛选保存的棘孢木霉菌 *Trichoderma asperellum* 为生防菌做平板对峙试验，结果表明棘孢木霉菌对茄病镰刀菌的抑菌率达到了

55.46%。土壤中丰富的细菌资源是植物土传真菌病害生防菌的筛选宝库，宋喜乐（2017）对不同生长时期、不同植烟年限烟草根际土壤进行分离筛选生防菌，筛到 69 株对尖孢镰刀菌有抑制作用的细菌。姚晓远（2019）从土壤中筛离得到的多粘类芽孢杆菌与枯草芽孢杆菌对烟草根腐病镰刀菌在对峙平板上 72h 的抑菌率分别达到了 48.78% 和 43.75%。这些研究都为烟草根部病害生防中微生物资源的筛选提供了参考。

随着土壤生防菌在农业生产中的普及应用，化学农药的使用会逐渐减少，从而离实现农业生产中的绿色防控更近了一步，为发展环境友好型现代农业提供了理论基础。

生防菌使用的方法有浸种、蘸根、灌根、滴灌施用、混土等。因此，抑制根围系统病原物的活动就成为保护根系并进行土传病害防治的基础。但必须重视和考虑土壤理化因素对植物、土壤微生物和根部病原物三者之间相互关系的制约作用。因此，必须解决消毒剂的选择与使用问题；在筛选生防菌过程中，采用多种病原菌作为筛选目标，变单一菌剂使用为多菌配合使用，提高防效和实现防病的广谱性，并降低对环境的依赖性。

中国农业科学院植物保护研究所土传病害实验室在生防菌剂研发的基础上，建立了植前在种植行下开挖"丰产沟"并大量埋置以农作物秸秆作为载体的芽孢杆菌 *Bacillus* spp.、淡紫拟青霉 *Paecilomyces lilacinus* 和粉红粘帚霉 *Gliocladium roseum* 等有益微生物及其组合的田间应用技术。

目前，国内外已报道的对根腐病有防控作用的生物防治措施主要包括：①拮抗菌。目前发现木霉 *Trichoderma* spp.、镰刀菌 *Fusarium* sp.、粉红粘帚霉 *Gliocladium roseum*、芽孢杆菌 *Bacillus* spp. 和假丝酵母 *Candida* spp. 等在土传病害防治上具有较好的拮抗作用，其中不少已成功商品化。②诱抗剂。一类能诱导寄主植物产生防卫反应的特殊化合物，在很低浓度下便可被植物识别为信号物质，诱发植物自身的免疫系统，最终使植物获得抵御病害的能力。在植物发病前施用植物诱抗剂，可预防病害发生，从而减少化学农药的使用。③内生菌。

植物内生菌普遍存在，且具有多样的生态效应，包括促进植物生长、增强植物的免疫力等，成为目前国内外的研究热点。根腐病防治策略见图7-1。

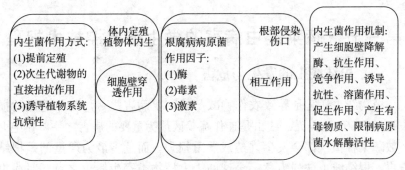

图7-1　根腐病生物控制策略

（四）蔬菜镰刀菌根腐病防控的主要对策

实行轮作：易发生根腐病、枯萎病的作物与其他作物轮作，避免连作和下茬种植受同种病原菌侵染的作物；育苗基地要加强对基地环境和设施的消毒，消毒用高锰酸钾1 000倍液淋洗或喷雾。

保护地土地要平整：浇水时要适时，不可大水漫灌。缩短灌水时间，避免存水过多，使水分快速渗入土中。整地时要挖好排水沟，采用垄栽，既有利于提早封垄，又有利于通风透光和田间管理。做好棚内温湿度及地温管理，湿度升高时及时放风排湿，地温低时及时松土保温。根据各种作物对水分的要求合理浇水，避免田间湿度过大。

及早预防：播种前一般用2.5%咯菌腈10倍液拌种，对于生长期易受白粉病、锈病或丝黑穗病危害的作物种子首选2.5%灭菌唑10倍液拌种。育苗池用8%噁霉灵消毒，每吨营养液中夏秋季加入60mL，冬春季加40mL。播种后至幼苗期直播田或育苗盘均用10亿/g多粘芽孢杆菌500倍液淋根1～3次。

育苗基质拌菌技术、有机肥拌菌技术见本章第一节。

化学药剂的精准应用技术：根腐病、枯萎病发生严重的育苗基地和大田用1%申嗪霉素1 000倍液喷雾1～2次，兼防疫病、霜霉病；

大田期还可用 10 亿/g 多黏芽孢杆菌 500 倍液淋根，兼防根肿病；用
50 亿/g 多黏芽孢杆菌 1 500 倍液淋根或喷雾，兼防细菌性青枯病、角
斑病等病害。以上 3 种生物农药轮换施用，7～10d 喷 1 次，直到不再
发病。

第三节　蔬菜线虫病害的微生态调控技术规程

一、根结线虫的发生与危害

植物线虫病害是导致农作物减产的重要病害之一，每年造成的损
失超过 1 500 亿美元。线虫是连作蔬菜区最为重要的病害之一，在绝大
多数蔬菜种植区都会发生并造成严重损失。而危害最为严重的是根结
线虫，根结线虫被列为危害全球的十大植物类寄生线虫之首。对线虫
的有效控制是治理连作病害的重要任务之一。

线虫是一种丝状或线状假体腔不分节的蠕虫形动物，数量庞大，
可自由活动，寄生植物后活动性降低。根结线虫是线虫门 Nematodo、
侧尾腺口纲 Secernentea、垫刃目 Tylenchida、异皮线虫科 Heteroderi-
dae、根结线虫属 *Meloidogyne* 的专化寄生农作物的一种病原线虫，分
布广泛，种类繁多，可危害大多数开花植物，寄主种类达几千种之多。
它们有有性生殖、有丝分裂和减数分裂、孤雌生殖等多种繁殖方式。
另外，有研究表明有丝分裂孤雌生殖的根结线虫的寄主范围较其他生
殖方式的线虫更广，南方根结线虫就是其中一种。无毒力的根结线虫
只需要在抗性寄主上经历一次或几次传代，便可以转变为有毒力的根
结线虫，且可以遗传。

根结线虫的特点为种类繁多、分布范围广、危害程度大和寄主多
等，1855 年根结线虫首次在英国被发现。目前，已知的根结线虫寄主
达到 114 科，3 000 多种，包括蔬菜、农作物、杂草类、花卉、林木等
诸多植物，其中茄科和葫芦科等科的作物受线虫危害最严重。直至
2003 年，研究人员已经描述并鉴定了 90 多种根结线虫，最常见的 4 种
是：南方根结线虫 *Meloidogyne incognita*、爪哇根结线虫 *Meloido-
gyne javanica*、北方根结线虫 *Meloidogyne hapla*、花生根结线虫

Meloidogyne arenaria，其中以南方根结线虫寄主的种类最多，是侵害蔬菜作物的优势种群。

根据记载，根结线虫约有 100 个描述种，种间种内群体间遗传变异较大、寄主范围分布较广泛，从而严重危害作物且较难防治，一般会使寄主作物的产量损失达 10%～15%，有时可达 30%～40%，甚至绝收，根结线虫在侵害植株时造成的伤口导致病原菌更易侵入危害，从而形成复合侵染，加重植株根部受害，造成更加严重的作物经济损失。

根结线虫生活史一般有 3～6 周，4 个龄期。1 龄线虫在卵内发育；2 龄线虫为刚孵化出来的幼虫，从根部伸长区进入寄主植物，随后向根尖移动，到达分生组织，最后向维管束移动，到达原生木质部；同时，2 龄幼虫会诱导寄主细胞形成巨细胞，最终形成永久性取食位点。在巨细胞中，线虫静止不动，并从巨细胞中获得营养物质。1 龄幼虫经过 3 次蜕皮发育为成虫，雌虫继续保持静止，最终形成瘤状物，雄虫随后移动并离开根部。另外，根结线虫在植株的每个时期都可以侵染，其中在幼苗期侵染危害较大。危害植物后，在发病中后期时，地上部叶片出现不规则的斑点，严重时穿孔，同时叶片向内卷曲，使叶片变薄、品质下降、产量降低，严重发生区可导致蔬菜严重受损，失去食用价值和经济价值。

二、影响连作蔬菜线虫发生的关键因子

（一）线虫病害发生与寄主植物之间的关系

多年重茬、连作种植同一种蔬菜品种，是发生根结线虫病害的主要原因。这主要是因为植物与线虫发生之间有密切的关系。这一方面，取决于线虫对寄主植物的选择，另一方面取决于寄主植物对线虫的抗性。这些抗性会与土壤环境条件发生密切的关系，从而导致连作刺激线虫更为严重的发生。

根结线虫侵染植株是一个复杂的过程，离不开根结线虫口针及其酶液在根系周围的共同作用。在根结线虫的所有形态中，只有 2 龄幼虫可以侵染植株。大多数根结线虫对寄主根系的识别范围在根尖的 1.5mm 内，识别部位为根尖的伸长区。根结线虫拥有口针和食道腺两

个重要的专化寄生器官。根结线虫侵染植株时，首先利用头部敏感的化感器寻找植株根系，确定侵染部位；然后通过口针将食道腺分泌的SOD、硫氧还原蛋白氧化酶、脂氧化酶、抑制蛋白酶等防御蛋白和其他分泌物运输至植物根尖细胞，改变可以激活降解细胞壁的葡聚糖酶基因和半乳糖激酶基因、与巨细胞形成相关的胶质微管蛋白和肌蛋白等蛋白基因、细胞周期调控基因早期生节因子 *EMN0D40* 和核内复制因子 *CCS52a* 等基因的表达，随后引发较为复杂的生化变化，进而刺激细胞有丝分裂、细胞质不分离，最终形成含有多核的巨细胞，为线虫提供营养，以便线虫正常生长发育。线虫口针分泌物通常含有与巨细胞形成相关的交换蛋白、伸展蛋白、纤维素酶、几丁质酶、果胶酸裂解酶、β-1,4 内木聚糖酶、葡聚糖醛酸酶等信号物质和酶。另外，有研究发现在线虫食道腺分泌物中发现了含有与信号调节、代谢调控和细胞周期调控等复杂功能相关的钙牵蛋白和 14-3-3 蛋白。

根结线虫侵染植株后，会导致植株产生一系列生化反应，如叶片的叶绿素含量下降，植物的光合速率降低、呼吸作用增强，植株体内激素失衡、代谢失调、运输能力下降等。同时，植株在受到根结线虫的胁迫时，也会产生一系列的应激变化。首先，植株根系组织细胞壁会增厚并使根系木质化，进而抑制根结线虫侵入，这也是植物抵御根结线虫的第一道屏障。有研究表明，玉米根系内存在一层隔离细胞可以引诱根结线虫，使其不能到达里层细胞，从而减少线虫对植株根系的损伤（Rodger et al.，2003）。另外，当线虫侵染寄主时，植物细胞膜上的识别受体（PRRs）会识别病原物表面病原相关分子物质（PAMPs），从而激活植株防御系统，促使植株体内的抗性基因表达、抗性相关酶和抗性相关物质增加、产生坏死反应等，从而保护植株不受根结线虫侵染或降低根结线虫对植株的危害。

目前，抗根结线虫病的植物基因主要有马铃薯抗根结线虫病 *RKN1* 和 *RKN2* 基因，番茄抗根结线虫病 *Mi* 基因，辣椒抗根结线虫病 *N*、*Me1*、*Me3*、*Me4*、*Me5*、*Me7*、*Mech1*、*Mech2*、*Cami* 基因，烟草抗根结线虫病 *RK* 基因等（张铭真，2017）。其中，*Mi* 基因主要表现为侵染点附近细胞过敏性坏死，但当温度高于 28℃时 *Mi* 基因不再表现出抗性。有研究表明与 Mi 基因的抗性表达相关物质有水杨酸和茉莉酸。在植物对线虫的抗病反应中，植物抗性相关物质乙烯等也发挥着重要作用；植物激素生长素（IAA）和细胞分裂素（CTK）不仅影响着植株生长发育，还影响着线虫取食位点的选择和确立。

另外，植物体内也存在着一些杀线虫物质，如蓖麻叶、藏菜、万寿菊等植物的粗提物；同时，许多植物源杀线虫剂对根结线虫也有较好的毒力，如毒扁豆碱、烟碱、雷公藤碱、野百合碱等生物碱类化合物，鱼藤酮、毛鱼藤酮、大豆素等生物类黄酮化合物，印楝素、苦皮藤素、三萜烯乙酰马缨丹酸等萜烯类化合物和甘油三酯、甲基 4-羟基肉桂酸、甲基 4-羟基苯甲酸等化合物。

（二）线虫病发生与土壤理化性质的关系

土壤 pH 的变化与根结线虫病的发生之间联系密切。研究发现，吸引根结线虫的最佳 pH 为 4.5～5.5；根结线虫侵染植株后，植株会释放大量的有机酸类到土壤中，导致蔬菜（如黄瓜）根系周围的 pH 降低；根系呼吸时释放的 CO_2 溶于土壤也会导致土壤 pH 降低，进而会吸引更多的根结线虫，造成病害加剧。连作也是导致根结线虫暴发的一个主要因素。烟草等茄科植物连作可以导致土壤微量元素等微环境的改变，导致土壤酸化，诱使土壤根结线虫数量上升，最终导致根结线虫病暴发；根结线虫除了对 CO_2 具有趋化性外，对许多根系分泌物都具有趋化性，如南方根结线虫对黄瓜根系挥发物具有趋化性。

根结线虫对其他化合物也具有趋化性。根结线虫对许多化合物也非常敏感，尤其是铜离子。例如，0.000 4mol/L 和 0.000 5mol/L 的无水硫酸铜对南方根结线虫的 50% 致死时间分别为 12.60h 和 7.42h，90% 致死时间为 36.27h 和 15.05h，同时，根结线虫对碳酸氢铵和氯化铁也较为敏感（白春明等，2011）。施河丽等（2020）研究发现，湖北恩施根结线虫病的发生与土壤有效磷、交换性钾和交换性镁含量等密切相关，且交换性钾含量与病害发生呈正相关，有效磷和交换性镁含量呈负相关。左梅等（2020）的研究表明，土壤中交换性钙和交换性镁含量是影响根结线虫病害发生的主要土壤特性指标。王宏宝等（2019）的研究表明，土壤全磷含量变化和全氮含量变化与黄瓜根结线虫病的发生显著负相关。

通过调控土壤理化性质可以较好地控制线虫的发生。贾利华等（2009）通过施用氮磷钾肥，发现施用氮肥可以较好地抑制根结线虫病，降低病情，而磷、钾肥抑病效果较差。吕和平等（2012）的研究表明，在土壤中添加含铜盐等药剂，对土壤中根结线虫卵囊、卵孵化及幼虫存活等均会产生负面影响，这从侧面说明铜与根结线虫病的发生密切相关。

王金峰（2023）的研究表明，生物质材料牡蛎硅粉（重庆西农植物保护科技开发有限公司研制）在室内和田间对根结线虫病有较好的防控效果。牡蛎硅粉室内（0.2%～0.4%的比例拌土）对根结线虫病的防效在59%～71%；在田间以每株50g窝施对根结线虫病的防效达57.28%。通过室内试验发现，生物质材料牡蛎硅粉、甲壳素和壳寡糖复配比例为25∶0.4∶0.2时对烟草根结线虫病具有较好的控制效果，在田间以每株20g和40g窝施对根结线虫病的综合防效分别为63.71%和68.18%。另外，研究还发现牡蛎硅粉可以提高烟株的叶绿素含量和根系活力，提升土壤pH、交换性钙含量和交换性镁含量，提升土壤过氧化氢酶活，达到持续控制根结线虫发生的目的。

（三）线虫病害与根际微生物的关系

土壤微生物和土壤酶共同营造了土壤的微生态环境，并影响着植株生长以及根际周围有益和有害生物的种群动态。土壤酶是土壤生态系统的催化剂和土壤生态功能的重要组成部分，主要来源于微生物和动植物残体，在矿物迁移、能量转化等方面具有重要作用，其含量和活性的变化对预测线虫病具有重要意义。Orion等（2001）的研究表明，卵囊对根结线虫卵具有保护作用，可以阻止土壤中微生物等破坏根结线虫的卵。另外，有研究陆续发现，根际土壤蔗糖酶、纤维素酶、过氧化氢酶及脲酶活性与根结线虫发病呈负相关（左梅等，2020；王宏宝等，2020；王启宇等，2021），左梅等（2020）发现磷酸酶活性与根结线虫病呈正相关，杨瑞娟等（2017）发现禾本科作物伴生番茄根系可以提高番茄根区土壤脲酶、蛋白酶和蔗糖酶活性，冯世鑫等（2021）发现微生物菌肥可以提高罗汉果根系土壤脲酶和过氧化氢酶的活性，降低土壤根结线虫及其卵的数量。

土壤酶活性会影响土壤根际微生物，而根际微生物是保护植物不发生土传病害的第一道屏障。有研究表明，部分抑病土壤可以不使用杀虫剂也能保持植株健康（Raaijmakers et al.，1998）；Adam 等（2014）研究发现未灭菌土壤中根结线虫数比灭菌土壤中的少且小，同时根结线虫卵的数量也低于灭菌土壤 93%，这直接说明了土壤中存在微生物可以抑制线虫生长。另外，李林等（2004）在定植前使用氰氨化钙－太阳能进行土壤消毒，发现其对黄瓜根结线虫病的防效达60.44%。同时，土壤中存在着许多能够抑制病原的微生物，如假单胞菌、芽孢杆菌、溶菌和木霉等。在根系微生物与根结线虫病之间的关系研究中，江其朋等（2021）、张仁军等（2021）发现，发病土壤中的芽单胞菌属、镰刀菌属、赤霉菌属与根结线虫病密切相关。另外，根结线虫生防资源主要包括捕食性线虫、食线虫真菌、病毒、放线菌、根际和专性寄生细菌等。EI-Hadad（2011）等通过温室盆栽试验发现一些含有防治线虫病害的多粘芽孢杆菌、巨大芽孢杆菌、环状芽孢杆菌的生物肥能够降低根结线虫虫口数。同时，外源施用淡紫拟青霉、枯草芽孢杆菌、哈茨木霉、荧光假单胞菌等微生物菌剂对根结线虫病也可以起到较好的防治效果（黄阔，2020）。

另外，根际微生物能够产生具有杀线虫活性的物质，如 NH_3 和 NO_2，这些具有杀线虫活性的物质能改变根分泌物，影响线虫卵孵化，诱导植物产生系统抗线虫能力。有研究表明，生物有机肥携带的"将军型"功能微生物不仅可以抑制病原，降低其生存力，还能够重塑根际土壤细菌群落，激发土著有益菌群，并与其协同增强抗病能力，最终可以提升农业生产力。

（四）影响线虫病发生的其他因素

根结线虫在河滩、丘陵、平原、山区等各种类型的土壤中均可造成危害，在透气性较好、土壤结构相对疏松的土壤环境下，根结线虫的存活能力较强，发病较为严重；在透气性差、土壤硬化的情况下，不易发病；病土、病苗、灌溉水及病残体和流水、风、农机具等均会导致根结线虫传播。根结线虫作为一个生命体，对外界气候也有一定的要求，如高温高湿环境就不利于根结线虫病的发生。根结线虫适宜生存的温度为 25～30℃；当温度低于 10℃或高于 35℃时，会严重降低烟草根结线虫的侵染能力，当温度低于－20℃或高于 45℃时，烟草根结线虫会在数小时内死亡。在湿度方面，南方根结线虫适宜生存的土壤含水量为 4%～9%；当土壤含水量为 21%～36%时，根结线虫活动能力受到限制。另外，根结线虫为需氧生物，土壤含氧量对其活动能力也会产生较大影响；一般情况下，砂壤土、石砾土以及红壤土中，根结线虫的活动量较大，病害发生严重，而在黏壤土中，由于含氧量较低，线虫活动受限，病害发生轻等。农作物的移栽方式对根结线虫病也有影响，一般采用移栽的方式，与直播苗相比可以降低根结线虫病的发病情况。

　　一般来说，蔬菜根结线虫可以自行游动，但因游动的速度较慢、距离短，在传播中的作用较小。根结线虫主要通过水流、土壤及人为（即人们的生产及运输）进行传播，特别是人为传播，所起的作用非常大。从田块之间到地区之间，都可通过人为传播。田块之间起作用较大的主要是一些农事活动。根结线虫在土表 3～10cm 的地方分布最多，倘若人们到有根结线虫的田里走上一圈，鞋底上即可粘上含有根结线虫的泥土，走到哪就可将 2 龄根结线虫传到哪。所以，为了预防根结线虫的传播，往往生产者并不欢迎有组织的蔬菜技术观摩活动。此外，更重要的传播途径就是通过农具或机械，例如，若旋耕机耕过有根结线虫的土壤，如果不将犁和旋耕机及时清洗干净，也会将根结线虫传播开。再者就是种苗的互相交流，对于传播的作用也非常大，例如有些蔬菜生产基地，初建时不大会育苗，便从有根结线虫的农户那里置得一些种苗，栽上后用不了 2 年，根结线虫便会在基地内传播开。更危险的是种苗的长途贩运，随着物流业以及观光园区的发展，这种人为传播近些年来尤为常见。

三、基于微生态调控的连作蔬菜线虫控制关键技术

　　近年来，连作蔬菜线虫病在我国主要蔬菜产区猖獗发生和产生危害，气候条件也更加适宜线虫的大发生。由于根结线虫侵染的特殊性、

危害的隐蔽性而难以取得理想的防治效果，防治较为困难。因此，以调控微生态为核心的绿色综合防治措施目前已成为根结线虫病治理的关键。

该项技术的核心是以"四个平衡"为导向的绿色生态防控理念，集成牡蛎硅粉土壤调酸控病技术（根结线虫病）、育苗基质拌菌壮苗控病技术、有机肥拌菌控病技术、抗性诱导技术、叶面中微量元素补充技术等多项技术，以达到提高蔬菜种植的健康水平、有效防控蔬菜根结线虫病的目标。

具体技术措施见表7-1。

表7-1　微生态调控防治线虫病害技术措施一览

时期	药剂	用量及使用方法	目的
育苗期	苗强壮、淡紫拟青霉	每1 000株烟苗所用基质中添苗强壮菌剂100g、淡紫拟青霉菌15g，混合均匀，装入育苗盘，正常播种育苗	选用苗强壮复合微生物菌剂和淡紫拟青霉，在育苗时拌入基质中，可抢占根际生态位，构建植株健康微生物屏障，防御根结线虫的早期入侵
移栽前	牡蛎硅粉	每亩条施200kg。避免直接采用贝壳粉、牡蛎壳粉等不溶于水的材料，施用时均匀撒施，避免该材料直接与植株幼嫩的根部接触	补充钾、磷、硅、钙、镁等中微量元素，调节土壤的生态环境
起垄时	根茎康、淡紫拟青霉、当地有机肥	按照根茎康、淡紫拟青霉、有机肥质量比为10kg：100g：1t的比例进行混配，现配现用，起垄时采用条施	使根茎康菌剂和淡紫拟青霉活化有机肥，可促进有益微生物增殖，提升有机肥养分转化率和利用率
移栽时	25%阿维·丁硫水乳剂、氨基寡糖素	每亩25%阿维·丁硫水乳剂60mL＋0.5%氨基寡糖素200mL，与定根水混合均匀后浇灌，保证移栽后灌水量在每株500mL以上	降低土壤病原数量，提升植株抗性

(续)

时期	药剂	用量及使用方法	目的
旺长期	希植美微量元素＋抗性诱导剂	1 000 倍液，每亩 50g，叶面喷雾	补充叶面微量元素，提升植株抵抗力，预防叶部病害

关键技术要点包括以下几个方面。

（一）避免连作

线虫虽能侵染多种蔬菜，但在感病程度上有明显差异，可利用蔬菜生长期短、容易轮作换茬的特点，在重病地改种感病轻的蔬菜种类或品种，可获得明显的效果。如瓜类、芹菜、番茄较易感病，受害重，可与葱、蒜、韭菜、辣椒等感病轻的蔬菜轮作。发病严重地块最好与禾本科作物轮作。有条件的地方可种一季水稻，实行水旱轮作。

（二）清理发病田，翻耕晒土

在前茬蔬菜采收后，及时清除田间带有根结线虫的病根、病株、病残体、杂草，并集中烧毁。

冬季翻耕晒土，杀死土壤中的越冬线虫，减少土壤中越冬线虫的成活数量。

新菜移栽或者播种前及时翻耕晒土，置于烈日下暴晒 7d 以上，可有效地杀死土壤中的 2 龄幼虫及卵，降低土壤中初侵染的线虫基数。

（三）健苗与壮苗的培育

落实育苗基质拌菌技术，培育无病壮苗，可减轻苗期感染，从而减轻根结线虫在大田期的危害。采用有益菌剂构建防御线虫入侵的生物屏障，抵御线虫早期对植物的侵染。因此，在育苗过程中，将益生菌剂（如苗强壮、苗儿壮、苗三强或者具有抗病活性的淡紫拟青霉等菌株）与育苗基质混合均匀后播种。一般育 1 000 株苗子的基质中可拌菌剂 100g。注意菌剂要和基质混合均匀，在温度低于 13℃时，需要注意采用温室育苗，保障正常出苗和正常生长。

（四）调理土壤 pH，补充中微量元素

对于 pH 在 4.5～5.5 的地块，每亩增施希植牡蛎硅 200kg，均匀

撒施后翻地（条施，不可与有机肥、菌剂、底肥混合施用，下同）；pH 在 5.5～6.0 的地块，每亩增施希植优、牡蛎钾 100kg，均匀撒施后翻地；pH 在 6.0～6.5 的地块，每亩增施希植优、牡蛎钾 30～50kg，均匀撒施后翻地，可有效改良土壤，提高 pH，补充钙、镁离子和微量元素，是避免线虫病发生的重要技术措施。此外，一般每亩施石灰粉 75～100kg，也可以短期内提高 pH，但不能连续施用，也不能过量施用。

（五）增施微生物菌肥，平衡土壤微生态

要注意增施有机肥，同时积极采用有机肥拌菌技术。在施用有机肥前，每亩施根茎康 1kg＋淡紫拟青霉 100g，与有机肥混合均匀，调控土壤微生态，创造不利于线虫发生的环境条件。菌剂和有机肥拌匀后条施起垄。

（六）抗性诱导，补充微量元素

移栽后 20～30d，叶面喷施东莨菪内酯（每亩 0.05g）＋核黄素（每亩 10g）＋希植美 2 号等微量元素，每亩用水量 30～50kg。

（七）化学药剂的精准应用

根据田间发病情况（一般苗期是线虫侵染的关键时期），常发区要在移栽时采用化学药剂进行精准控制。根据蔬菜种类和线虫的发生特点，严格按照防控的技术要点，选择适当的药剂、施药方式、施药器械、施药时间等。

（八）加强栽培管理，规范化操作

选择长势均匀、根系发达的无病壮苗，杜绝病苗。

在移栽环节，保证地膜开口直径在 15cm 以上，用细土封窝。

移栽当天必须进行地下害虫的防治，移栽后及时灌水，灌水量在 500mL。

移栽完成后 2 周内如降水量少，则应及时补充水分。

注重田间卫生，确保示范区"三无"，即无杂草、无废弃菜叶、无秸秆。

提高科学认识，降低因人为因素加重病害发生的概率，先调查无病区域，再调查发病区域。

（九）早期预警，加强监测

6—7月，根结线虫病田间症状开始出现，为避免误判，可拔出菜苗查看根部是否为"鸡爪状"来确认。发病植株叶片表现为从下部叶片开始叶尖、叶缘褪绿变黄，与缺素症相类似，注意区分。重点监控根结线虫病的发生与流行，一经发现，及时用药。

（十）注意避免向非疫区扩散传播

加强对疫区的控制和封锁，防止疫区面积扩大、蔓延，对种子、幼苗加强检疫工作，杜绝线虫的传播，保护无病区。

以上技术体系以蔬菜根际健康调控为核心，集成牡蛎硅粉土壤调酸控病、微生物菌剂及精准用药等多项技术，建立了一套以根际微生态调控为核心的根结线虫绿色防控技术体系，并于2021—2023年在重庆、四川等地开展田间示范应用。结果表明，本方案对根结线虫病具有较好的防治效果，防效达81.12%；同时，本方案显著提高了土壤全磷、速效钾、交换性钙、镁的含量，提升了土壤pH及脲酶、过氧化氢酶和蔗糖酶的活性，降低了土壤交换性酸的含量。本方案对优化土壤结构、持续控制根结线虫病的发生具有重要的价值和意义。

第四节　十字花科根肿病的微生态调控技术规程

一、十字花科根肿病的发生特点

根肿病是危害十字花科白菜、青菜、芥菜、薹菜、萝卜、甘蓝、苤蓝、花菜等多种栽培种和野生种的一种严重的世界性土传病害。该病最初于1737年在英国地中海西岸和欧洲南部被发现，如今已成为欧洲、北美、东亚等地区的主要病害之一，在大部分十字花科植物种植区均有发生。我国最早报道此病是在1936年，发生在台湾白菜上，现在，根肿病在我国大部分省（自治区、直辖市）均有发生，严重阻碍了我国十字花科作物产业发展。

根肿病在全球35个欧洲国家、11个亚洲国家、北美洲和南美洲的10个国家、大洋洲的3个地区以及非洲地区内均广泛传播，并造成当地蔬菜单产量下降 10%～15%，局部的地块损失高达 50%以上，严重时会导致绝产绝收。根肿病被认为是导致白菜等十字花科作物损失惨重的大流行病，所有种植芸薹属作物和油菜作物的国家都遭受了非常大的损失，其中加拿大一些地区在 2011 年之前就已经有 470 万 hm² 的十字花科植物遭到威胁，2012 年波兰地区就有 25 万多 hm² 油菜种植地受到根肿病的危害，而这一现象还在不断扩大。

近年来，我国也频繁遭受根肿病菌的侵染危害。2012 年统计数据显示，中国是十字花科作物的主要栽种国，包括 670 万 hm² 油菜、253.26 万 hm² 小白菜、89.93 万 hm² 白菜、53.69 万 hm² 甘蓝、120.05 万 hm² 萝卜。其中，每年有 320 万～400 万 hm² 的十字花科作物被该病原菌侵染，蔬菜产量平均损失率达 20%～30%，有的甚至超过 60%。目前，根肿病还在中国各地蔓延危害，以西南地区、东北和中部地区暴发最为严重。在某些地区，由于根肿病的严重侵染，十字花科作物的种植被中断，造成了十分严重的损失。

早在 1994 年已有涪陵榨菜上根肿病发生危害和产量损失情况的报道。目前，重庆武隆、南川、涪陵、巫溪等多个油料作物产区也陆续发现根肿病有扩大蔓延的趋势。王旭祎等（2004）的调查显示，涪陵沿江 19 个榨菜主栽乡（镇）均受到根肿病的严重危害，其中涪陵江北、百胜、新妙等地发病最重。在武隆，则主要危害高山蔬菜种植基地，主要包括仙女山镇和双河乡。在涪陵，主要侵染榨菜、叶芥、芥菜（儿菜）、萝卜等，且感病严重，发病率在 80%～100%；花椰菜、甘蓝发病略轻，发病率在 40%～50%。在重庆武隆地区，4—5 月为十字花科类蔬菜的育苗期，为甘蓝、萝卜等作物根肿病低发期，发病率在 5%～10%；6 月是甘蓝、大白菜、萝卜等作物的关键生长时期，根肿病的发生则会呈上升趋势，发病率在 20%～30%；7 月，重庆正处于高温高湿的环境中，是甘蓝、大白菜、萝卜等作物根肿病发生发展的高峰期，其发病程度在 70%～90%；8—10 月，是甘蓝、大白菜、萝卜等作物的采收期，其发病程度在 60%～70%（李晓梅等，2019）。

十字花科根肿病病原为芸薹根肿菌 *Plasmodiophora brassicae* Woron.，为鞭毛菌亚门真菌，属于专性寄生菌。病菌在寄主肿大的细胞内形成休眠孢子囊，散生，密集呈鱼卵块状。主要侵染十字花科植物，油菜、甘蓝、白菜、萝卜、榨菜、芜菁等十字花科重要经济作物都容易感染根肿病。另外，通过人工接种的方式，一些非十字花科植物也能被根肿病菌侵染，如木樨草科的木樨草、豆科的红三叶草、罂粟科的虞美人、禾本科的野麦草等。

由芸薹根肿菌侵染引起的病害主要发生在植物的根部。病原菌主要以休眠孢子囊随病株残余组织遗留在田间或散落在土壤中越冬或越夏。后期，病组织龟裂、腐烂后，散落在土壤中的休眠孢子抵御环境的能力很强，可存活 6～7 年，并通过雨水、灌溉水、田间农事操作或通过带菌的土壤、病残体及未腐熟的厩肥等途径传播，成为翌年的再侵染源。植株感病时期以苗期为主，成株期也可感病。植株感病后，根部组织会异常增生，膨大形成肿根，肿根形成初期表面光滑，之后逐渐粗糙、龟裂甚至腐烂。肿根的出现严重损害了植物根系的功能，致使十字花科蔬菜根和茎吸收传导养分过程受阻，会造成植株生长不良、矮化、萎蔫，从基部叶片开始出现黄化，表现出缺水症状，感病严重时，植株会死亡。

芸薹根肿菌生活史有 3 个阶段：休眠阶段、初侵染阶段（根毛侵染）和再侵染阶段（皮层侵染）。休眠孢子从腐烂的寄主组织中释放出来在土壤中生存，当条件不适宜萌发时，休眠孢子处于休眠阶段。当条件适宜时，土壤中的休眠孢子萌发，释放初级游动孢子，初级游动孢子移动到寄主根毛表面并侵入根毛内部，此阶段为初侵染阶段。初级游动孢子在根毛内部为初始原生质团形式，原生质团核分裂，形成初生游动孢子囊，每个游动孢子囊产生 4～16 个次生游动孢子，或再侵染根毛，或成对融合，侵染皮层细胞，形成肿根，这个阶段为再侵染阶段。

二、影响根肿病发生的关键因子

十字花科根肿病病原芸薹根肿菌作为一种土壤栖息菌，其接种潜力、生存和侵入能力受土壤理化性状和生物因素影响，能否发病取决于连作状况、土壤状况、品种抗性、栽培管理措施等多因子的协同作用。

　　根肿病菌的侵染与栽培作物的生育期有着密切的关系。通过多年的试验，研究者发现苗期和移栽期是根肿病菌的主要侵染时期。刘烈花（2021）通过室内盆栽试验发现，榨菜幼苗接菌苗龄期与发病率和病情指数呈负相关，即寄主植株苗龄期越小，根肿病发病越容易。播种当天接种病原菌时，其平均发病率达到95.14％，其平均病情指数达到46.33，随着苗龄期的增加，根肿病的发病率和病情指数也随之降低。30d之前接种根肿病菌，其发病率均高于50％，同时，统计结果显示，苗龄期为35～40d时，其发病率和病情指数显著降低，40d苗龄时，根肿病的平均发病率为30.23％，平均病情指数为11.89（图7-2）。呈现这种情况的原因在于，随着植株苗龄期的增长，植株对根肿病的抗性响应得到了系统提高。而在植株苗龄期30d之前，根肿病菌侵染显著降低了植株POD、SOD、PPO酶的酶活性，从而导致小苗表现为更容易遭受侵染的结果。因此，根肿病的防控过程中，要在苗期和移栽期采取措施。

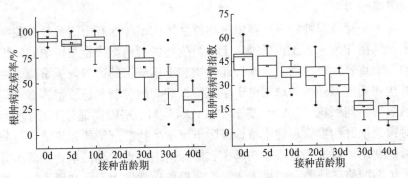

图7-2　不同接种时间下根肿病发病率与病情指数

　　温湿度和季节更替会影响发病。温度在10～30℃，土壤相对湿度为60％～98％时，最适合病菌孢子的活动，十字花科蔬菜最容易发病，低于或高于上述温湿度均不易发病。夏秋季节，高温多雨，又是十字花科作物大面积播种、移栽的季节，土壤中的病菌休眠孢子早春就已萌发、繁殖、积累，随着温度的升高，潜伏期及病程缩短，菌源增多且入侵速度加快，苗期即入侵寄主作物，病情出现早而重。反之，气温较低、降水量少的年份往往发病较轻。此外，土壤湿度大、低洼积水和水改旱的田块都容易发生根肿病。

土壤环境恶化是加重十字花科根肿病发生的一个重要因素，同时，十字花科植物连作也导致了土壤中病原菌的逐年积累和有益微生物的大量降低，从而导致了土传病害的暴发。连年种植十字花科蔬菜的田块中，土壤中存在着大量的芸薹根肿菌休眠孢子囊，在条件适宜的情况下休眠孢子囊就会苏醒，从而实现对栽种蔬菜的侵染。酸性土壤有利于根肿病菌休眠孢子囊萌发和游动孢子的侵入。有研究结果表明，根肿病的发生主要受到土壤 pH 及钙含量的影响，在土壤 pH 为酸性的环境条件下，根肿病发生严重。土壤 pH 在 5.4～6.5，有利于病菌生长、繁殖，易诱发病害，当 pH 在 7.2 以上时，病害发生减轻。此外，土壤缺钙、镁或者缺少微量元素钼、铁等，也是诱发侵染的关键因素。在生产中，有农户用撒施石灰的方法调节土壤 pH，且以增施有机肥来代替化肥，采取这些措施的地块根肿病发病率明显低于其他未采取相应措施的田块。

十字花科根肿病与土壤微生物群落结构多样性有密切关系。芸薹根肿病菌作为一种土传病害，土壤微生物的群落组成也是影响其发生的一个重要生态因素。土壤理化性质和土壤酶活的改善，土壤微生物结构和功能多样性的增加对十字花科根肿病的控制和延缓都具有一定的效果。刘烈花（2021）基于 16S rDNA/ITS 基因高通量测序技术，对榨菜根肿病发病和健康植株根际土壤微生物群落结构和组成进行分析，利用随机矩阵方法建立病株和健株两组样本土壤微生物群落的分子生态网络拓扑图。结果表明，榨菜根肿病常发地发病和健康植株根际土壤微生物群落之间存在显著差异；α-多样性分析显示，病株根际土壤微生物群落（包括细菌和真菌）丰富度显著高于健株根际土壤，但健株根际土壤真菌群落多样性显著高于病株根际土壤。分子生态网络分析结果表明，健株根际土壤微生物群落内具有更多的连接点和边缘，连接度更高，显示出物种间共生互作关系更为复杂。此外，通过网络拓扑图的中介中心性筛选出健康根际土壤中具有生防作用的核心物种，细菌

Mucilaginibacter（OTU12403）和 *Variovorax*（OTU11035），真菌 *Penicillium*（OTU378、OTU1296）和 *Cryptococcus*（OTU2623），它们可能在抑制榨菜根肿病和维护根际土壤健康中发挥着重要作用。

在育苗基质拌菌和移栽时穴施有益微生物（如苗强壮、枯草芽孢杆菌等）后，发现 5 个细菌属 *Edaphobaculum*、*Aquisphaera*、*Singulisphaera*、*Pseudolabrys*、*Reyranella* 和 1 个真菌属 *Mortierella* 与发病率和病情指数之间存在显著的负相关性，这几种关键微生物在抵御根肿病菌的入侵中可能发挥着重要作用。采用微生物菌剂改良土壤、优化根际微生态是控制根肿病的重要技术措施。

三、防控十字花科根肿病的微生态调控技术

十字花科根肿病防治的基本方法是调控根际微生态，如增施牡蛎钾粉、生石灰粉、有机肥，并施用适量微量元素等，以优化土壤环境；实行深耕轮作，以改善土壤物理性质和微生物结构，降低危害程度；在育苗基质中添加益生菌剂，在移栽时窝施益生菌剂来构建强大的生物屏障，另外在适当时期辅以药剂防治，基本可以有效控制十字花科根肿病的发生。具体措施包括以下几个方面。

避免连作。可对病田实行 5 年以上的水旱轮作，与非十字花科作物，如番茄、辣椒、茄子、南瓜、西葫芦、苦瓜、黄瓜、玉米、葱、蒜等轮作。

调节土壤 pH，避免栽种区域的土壤酸化。pH 在 4.5 以下的地块要避免栽种十字花科蔬菜；pH 在 4.5～5.5 的地块，每亩增施希植优、牡蛎钾 200kg，均匀撒施后翻地；pH 在 5.5～6.0 的地块，每亩增施希植优、牡蛎钾 100kg，均匀撒施后翻地；pH 在 6.0～6.5 的地块，每亩增施希植优、牡蛎钾 30～50kg，均匀撒施后翻地，可有效改良土壤，提高 pH，补充钙、镁离子和微量元素，是避免根肿病发生的重要技术措施。此外，一般每亩施石灰粉 75～100kg，也可以短期内提高 pH，但不能连续施用，也不能过量施用。

少施化肥，特别是移栽时要控制尿素的使用；特别注意增施腐熟有机肥，增加土壤有机质含量，提高土壤活性，以充分发挥土壤有益

微生物的作用。一般每亩可施用发酵充分的希植牌功能有机肥 200～300kg，为了提高肥效，可在施用时进行有机肥拌菌，每100kg 有机肥与 1kg 根茎康生物菌剂混匀后做底肥施用，效果明显。

采用育苗基质拌菌技术，构建防御根肿病入侵的生物屏障。由于根肿病菌在早期侵染根部，后期防治效果很差。因此，在育苗过程中，把益生菌剂（如苗强壮、苗儿壮、苗三强或者具有抗病活性的枯草芽孢杆菌特异菌株等微生物组合菌剂）与育苗基质混合均匀后播种，可以强化根际生物屏障，避免根肿病菌早期侵染，一般育 1 000 株苗子的基质中可拌菌剂100g。注意菌剂要与基质混合均匀。在温度低于 13℃时，需要注意采用温室育苗，保障正常出苗和正常生长。

及时清理早期发病植株。要经常巡视地块，发现病株及时拔出并带至田外烧毁或深埋，并撒施生石灰消毒，以减少田间菌源。

药剂防治上，可用75％百菌清 1 000 倍液等药剂处理土壤，能有效防止病原菌对根毛的侵染。可用 70％甲基托布津 800 倍液、58％雷多米尔（甲霜灵）1 000 倍液或 64％杀毒矾（噁霜·锰锌）600 倍液于发病初期灌根，每株灌 0.4～0.5L 药液。

注意避免向非疫区扩散传播。加强对疫区的控制和封锁，防止疫区面积扩大、蔓延，对种子、幼苗加强检疫工作，保护无病区。

技术集成应用成效及展望

第一节　基于微生态调控的蔬菜连作病害控制的技术体系

保障蔬菜持续、高质量发展是一个庞大的社会工程。克服连作障碍和土传病害造成的损失一定要整合技术，以微生态调控为核心，以"四个平衡"为理论支撑，构建出"一基础、二优化、三屏障、四平衡、五调控"的技术体系并在实践中积极推进和实施。

一基础：强调以健康栽培为基础，连续种植 2～3 年后必须轮作，合理密植，做好起垄、营养、田间卫生管理。

二优化：要优化蔬菜种植的布局，优化各项技术的综合应用。

三屏障：要充分考虑蔬菜作物自身的物理屏障、化学屏障及生物屏障的作用。要强化蔬菜根际环境中根围生物屏障、根际生物屏障和根内生物屏障。

四平衡：在技术措施操作过程中，要充分考虑土壤酸碱平衡、植株营养平衡、根际微生态平衡以及寄主与病原菌互作之间的平衡，构建植物健康的平衡体系。

五调控：①调节土壤 pH，针对青枯病发生区域与土壤 pH 状况，可采用牡蛎钾撒施或条施，$5.0 < pH < 5.5$，每亩用量 50～100kg；$4.5 < pH < 5.0$，每亩用量 100～200kg。②调控微生态平衡，采用育苗基质拌菌技术，针对不同的根茎病害选用不同的菌剂组合。③调控大中微量元素的营养平衡，针对优势根茎病害，选用合适的有益微生物，采用有机肥拌菌技术，活化有机肥，促进有益微生物增殖，提升有机肥养分转化率和利用率。④调控植物抗性和病原菌致病力之间的平衡，

尤其在青枯病与黑胫病发生区域，要注意补充钙和钼，可与诱抗剂水杨酸或者 2,6-二氯异烟酸混用进行叶面喷施。⑤精准用药，控制病害流行，发病初期，根据优势根茎病害，选用相应高效低毒化学药剂，喷淋茎基部。

第二节　蔬菜连作病害控制的主要成效

2018—2022 年，以根际微生态调控为核心，以"四个平衡"为理论支撑，强化生物屏障以控制蔬菜连作病害的技术创新与应用项目成果在重庆的辣椒、茄子、番茄、生姜、榨菜主产区进行大面积推广应用，建立核心示范区 15 个，核心示范区面积 7 500 亩，推广应用面积 100 多万亩，增加经济效益 3.42 亿元，有效降低了农药面源污染风险，保护了生态环境，有效控制了蔬菜作物根茎病害发生，增加了农民收入，取得了显著的经济、社会、生态效益。项目实施区制订了技术方案和实施方案，形成了相应的技术规程，组织进行了大规模技术培训、现场观摩、技术交流等，通过现场培训和全过程技术指导，对菜农、椒农、姜农进行技能培训，整个项目开展以来为蔬菜技术人员和新型农民培训 1 245 人次，取得了很好的示范效果。同时，技术的推广应用也得到了菜农、椒农、姜农的积极响应配合，使得项目实施得到了显著成效。

2020 年在涪陵榨菜罗云乡示范区中，示范区收获期榨菜的平均株高、株幅、叶长、叶宽都显著高于非示范区，示范区榨菜的平均株高、株幅、叶长、叶宽分别达到了 56.31、68.34、58.65、31.48cm，而非示范区榨菜的平均株高、株幅、叶长、叶宽分别达到了 44.33、54.67、53.73、23.24cm。发病高峰时，罗云示范区榨菜根肿病的发病率为 10.5%，病情指数为 6.0，非示范区榨菜根肿病发病率达 31.4%，病情指数为 30.2，其防效达 80.13%。示范区内榨菜黑斑病的发病率为 12.22%，病情指数为 3.90，非示范区榨菜黑斑病发病率达 30.27%，病情指数为 19.75，其防效达 80.24%。由生产技术集成示范区与非示范区经济性状对比可知，生产技术集成示范区各种经济性状均比非示范区有所提高，示范区榨菜的横茎长度增加 2.73cm，单个榨菜质量增加 97g，每亩地直接增产 446.18kg，其增产率为 20.3%，为农民增收 220.54 元。

2019—2021 年在涪陵榨菜百胜镇示范区中，榨菜根肿病防效达 80.12%，榨菜黑斑病防效达 80.09%。由生产技术集成示范区与非示范区经济性状对比可知，生产技术集成示范区各种经济性状均比非示范区有所提高。2018、2019 年均具有增产增收效果，每亩地分别直接增产 571.26、529.65kg，其增产率分别为 23.51%、21.13%，将鲜榨菜直接售卖，为农民分别增收 457、423.71 元。

2020 年在石柱辣椒三河镇示范区中，基质拌菌示范区的辣椒炭疽病、辣椒叶斑病、辣椒青枯病发生情况显著低于非示范区。通过比较两次调查数据发现，示范区辣椒炭疽病发病率比非示范区分别减少了 6.11%、11%，其防效达到了 80.07%。示范区辣椒叶斑病发病率比非示范区分别减少了 1.83%、4.89%。再次施用苗强壮菌剂对辣椒叶斑病具有更好的控制效果，其防效达到了 46.53%。示范区辣椒青枯病发病率比非示范区分别减少了 7.33%、20.89%，防效达到了 80.18%。示范区鲜辣椒亩产量达到了 607.79kg，高出非示范区 107.18kg，其增产率达到了 21.41%，为农民创收 621.66 元。

2018—2022 年，在重庆市科委民生工程重点科技项目的支持下，西南大学、重庆市农业技术推广总站、重庆市渝东南农业科学院、重庆安邦农业发展有限公司、重庆西农植物保护科技开发有限公司等组成联合攻关项目组，根据"微生态调控防治蔬菜连作病害的关键技术集成示范应用与研究"技术的总体目标，结合重庆涪陵、石柱、荣昌的实际情况，通过对根际微生态特征与影响生物屏障关键因子的研究，明确根际微生物群落结构与功能多样性特征，结合重庆地区特殊的生态条件，明确影响蔬菜连作区根茎病害发生的关键因子，结合品种特性，筛选出关键的土壤保育措施、适合的微生物制剂、产品和配套技术，通过技术组配和试验示范，形成以微生态调控为核心的根茎病害绿色防控的技术体系，在理论、技术、产品和服务模式上进行创新研究，在解决连作蔬菜病害防控这一难题上取得了重大突破，技术成果在生产上得到了大面积推广应用，取得了显著的社会经济和生态效益。研究成果符合国家提出的绿色发展理念，对保障环境和蔬菜产品安全意义重大。

第三节　展望

蔬菜作为重要的种植业，关乎国计民生，其安全、持续、健康地发展是国家战略和产业的基本要求。在目前情况下，蔬菜生产健康管理和病虫害控制的重任主要还是落在了菜农的肩上，因此，探索安全、高效、可持续、经济方便的关键技术和产品，方便菜农有效实施是蔬菜产业持续发展的关键。因连作种植诱发的各种土传病害导致了极大的产量和经济损失，连作障碍的克服和土传病害的有效防控也成了蔬菜技术创新的重点和难点。土壤受伤和微生物失衡是蔬菜连作障碍和病害发生的主要原因，而土壤微环境作为微生物的生存与营养载体，在土壤微生态调控中发挥着十分重要的作用。

围绕蔬菜高质量发展，特别是提高新质生产力，更好地赋能蔬菜产业的创新发展，针对蔬菜连作病害的病原微生物在土壤中存活时间较长且易发生迁移，农业和化学调控方法存在防治周期长、环境代价大、防治难度大且效果有限等问题，蔬菜健康栽培和连作障碍克服以及高效安全生产还需要进一步加强以下几个方面的工作。

第一，在理论创新上，要进一步明晰蔬菜连作病害病原物特性、土壤微生态相关因素（土壤理化性质、土壤养分、根系分泌物、酶活性、微生物群落特征等），特别是微生物组的特征和控病机制，找到调控土壤健康和微生态平衡的理论依据。当前，利用生物农药、生防菌剂等调控土壤微生态已具备较多的理论基础，以根际微生物群落组成与功能定向筛选为核心的土壤微生态调控途径研究就显得十分关键。

第二，在技术创新上，从微生态调控技术入手，探索根围、根际、根内生物屏障的优化技术。生物防治主要通过改善蔬菜根际微环境和微生物群落功能，抑制病原物的入侵和生长，兼具精准、高效、生态等特点，成为土壤微生态调控防治蔬菜连作病害的重要方法。结合育种、轮作种植、土壤调理、栽培管理等农业防治方法，构建合理的根际微生物群落结构和功能，改善土壤微生态环境，提高蔬菜对病害的免疫能力，实现可持续、多样化、常态化的综合绿色防治技术，促进蔬菜产业的可持续高质量发展。

第三，在产品创新上，特别关注蔬菜的安全、高效生产，坚决避免农药和植物调控剂的过分应用。未来的蔬菜连作病害，防控应注重从土壤微生态调控的角度切入，更加注重高效生物农药、拮抗菌剂、合成菌群、生物菌肥、以调酸为主的土壤调理剂等药剂的研制。

第四，在手段创新上，要强化数字化和智能化技术在蔬菜持续健康栽培上的应用。要立足蔬菜健康管理的多层面，从自身健康、单一病虫防治上升到综合治理；从以病害防治为核心，上升到监测、预警、精准施药、全面评估的数字化管理；从一家一户一地块的防控上升到全区域、长周期、多病虫、全链条的安全管理。

第五，在服务体系上，强化专业化服务队伍的作用，应针对性地建设各地的植物医院。特别是建立区域蔬菜专业化的植物医院服务平台，把健康与病害诊断、土壤基础管理、品种与种植布局上升到医院管理的层面上，把责任分解到政府、植物医院和菜农多个层面上，确保技术措施和技术规程持续发挥作用。

参 考 文 献

白春明，段玉玺，陈立杰，等．无机化合物对南方根结线虫作用方式的研究［J］．植物保护，2011，37（1）：74-78.

常安然，李佳，张耸，等．基于宏基因组学 16S rDNA 测序对烟草根际土壤细菌群落组成分析［J］．中国农业科技导报，2017，19（2）：43-50.

陈高航．烟草根腐病病原鉴定及其生物学特性观察［D］．武汉：华中农业大学，2013.

陈志敏．福建省烟草根茎病害诊断及防治药剂筛选［D］．福州：福建农林大学，2009.

崔伟伟．东莨菪内酯诱导烟草对青枯病的抗性及其作用机理研究［D］．重庆：西南大学，2014.

丁伟．烟草青枯病与黑胫病绿色防控关键技术［J］．植物医生，2020，33（1）：21-26.

丁伟，刘晓姣．植物医学的新概念——生物屏障［J］．植物医生，2019，32（1）：1-6.

董娟娥，张康健，梁宗锁．植物次生代谢与调控［M］．咸阳：西北农林科技大学出版社，2009.

段晓东，欧阳炜，潘文远．三种生物制剂防治蚕豆根腐病药效试验［J］．农村科技，2014（10）：26-27.

冯世鑫，蒋妮，陈乾平，等．微生物菌肥对罗汉果根结线虫和土壤酶活性的影响［J］．热带农业科学，2021，41（4）：73-78.

何洪令，扈雪琴，苏祥云，等．施用抗性诱导物质对烟株生长发育及抗病性的影响［J］．植物医生，2020，33（6）：48-52.

何亚登．2 种生防菌的发酵、土壤定殖及防治烟草土传病害的研究［D］．福州：福建农林大学，2019.

黄阔．烟草根际微生物与根结线虫发生的关系及调控作用研究［D］．重庆：西南大学，2020.

黄连喜，魏岚，李衍亮，等．花生壳生物炭对土壤改良、蔬菜增产及其持续效应研究［J］．中国土壤与肥料，2018（1）：101-107．

黄熊娟，黄如葵，冯诚诚，等．氨基寡糖素对苦瓜枯萎病的抗性诱导作用［J］．西南农业学报，2022，35（11）：2544-2553．

贾利华，文国松，李永忠，等．氮磷钾肥对烟草根结线虫病抗性研究［J］．现代农业科学，2009，16（3）：62-65．

江其朋，江连强，龚杰，等．影响四川凉山地区烟草根结线虫病发生的关键因子分析［J］．中国烟草学报，2021，27（6）：89-98．

康业斌，成玉梅．烟草土传菌物病害微生态调控理论与实践［M］．北京：中国林业出版社，2021．

李林，齐军山，李长松，等．氰氨化钙-太阳能消毒土壤防治蔬菜根结线虫病研究［J］．莱阳农学院学报，2004，21（1）：122-124．

李盼盼，丁伟，刘秋萍，等．硅和苯并噻二唑诱导烟草抗青枯病的机理分析［J］．烟草科技，2016，49（7）：23-30．

李石力．有机酸类根系分泌物影响烟草青枯病发生的机制研究［D］．重庆：西南大学，2017．

李晓梅，高立均，陶伟林．武隆区高山蔬菜根肿病发生特点及影响因素研究［J］．安徽农业科学，2019，47（12）：156-160，165．

刘娇娴，崔骏，刘洪宝，等．土壤改良剂改良酸化土壤的研究进展［J］．环境工程技术学报，2022，12（1）：173-184．

刘烈花．影响榨菜根肿病发病的关键因子及生防菌的控病作用研究［D］．重庆：西南大学，2021．

卢维宏，张乃明，包立，等．我国设施栽培连作障碍特征与成因及防治措施的研究进展［J］．土壤，2020，52（4）：651-658．

吕和平，漆永红，曹素芳，等．四种无机盐对南方根结线虫卵囊、卵孵化及其幼虫存活的影响［J］．植物保护学报，2012，39（5）：449-455．

马超，龚鑫，郜红建，等．历史因素对土壤微生物群落与外来细菌入侵间关系的影响［J］．生态学报，2018，38（22）：7933-7941．

桑维钧，祝明亮，吴兴禄，等．烟草镰刀菌根腐病研究初报［J］．山地农业生物学报，1998，17（3）：140-141，145．

施河丽，彭五星，左梅，等．湖北恩施烟区长期连作烟田影响南方根结线虫密度的土壤理化特性分析［J］．烟草科技，2020，53（12）：9-15．

宋喜乐．洛阳地区烟草根际土壤拮抗细菌的筛选鉴定［D］．洛阳：河南科技大学，2017.

苏浩，张锐澎，吴思炫，等．连作障碍产生机理及防控现状［J］．土壤，2024，56
（2）：242-254.

宿燕明．多粘类芽孢杆菌对油菜品质及其叶际、根际微生物群落的影响［D］．北
京：北京林业大学，2011.

孙光忠，彭超美，刘元明，等．氨基寡糖素对番茄晚疫病的防治效果研究［J］．农
药科学与管理，2014，35（12）：60-62.

田艳艳，赵世民，李彰，等．洛阳地区烟田土壤木霉菌的分离鉴定及其拮抗作用测
定［J］．河南农业科学，2015，44（11）：79-84.

王宏宝，毛佳，曹凯歌，等．设施黄瓜根结线虫病发生危害与土壤酶活相关性研究
［J］．山东农业大学学报（自然科学版），2020，51（4）：621-625.

王宏宝，曹凯歌，毛佳，等．不同深度土壤肥力指标与黄瓜根结线虫病相关性分析
［J］．福建农业学报，2019，34（10）：1197-1202.

王金峰．影响烟草根结线虫病发生的关键因子及控制技术研究［D］．重庆：西南大
学，2023.

王启宇，吕怡颖，杨敏，等．烤烟根结线虫病发生与土壤酶活性的相关性研究
［J］．湖南农业科学，2021（8）：32-35.

王旭祎，高明泉，彭洪江，等．涪陵茎瘤芥根肿病调查与防治［J］．长江蔬菜，
2004（5）：38-39.

韦中，宋宇琦，熊武，等．土壤原生动物——研究方法及其在土传病害防控中的作
用［J］．土壤学报，2021，58（1）：14-22.

吴凤芝，王学征．黄瓜与小麦和大豆轮作对土壤微生物群落多样性的影响．园艺学
报，2007，34（6）：1543-1546.

解国玲，张智浩，吴流通，等．生物炭配施微生物菌剂对白菜根肿病防控效果研究
［J］．西南农业学报，2023，36（1）：105-111.

熊顺贵．基础土壤学［M］．北京：中国农业大学出版社，2001.

杨瑞娟，王腾飞，周希，等．禾本科作物伴生对番茄根区土壤酶活性、微生物及根
结线虫的影响［J］．中国蔬菜，2017（3）：38-42.

杨鑫，李丽淑，樊吴静，等．诱抗剂对马铃薯疮痂病抗性诱导的生理机制［J］．南
方农业学报，2018，49（6）：1111-1117.

杨振国．植物保卫素东莨菪内酯对烟草的诱导抗性研究进展［J］．现代农业科技，
2014（16）：21-22，27.

姚晓远．影响烟草根腐病发生的微生态机制及其调控研究［D］．重庆：西南大

学，2019.

游川，杨天杰，周新刚，等.连作根系分泌物加剧土传病害的机制和缓解措施研究进展［J］.土壤学报，2024

曾路生，高岩，李俊良，等.寿光大棚菜地酸化与土壤养分变化关系研究［J］.水土保持学报，2010（4）：157-161.

张豆豆，梁新华，王俊.植物根系分泌物研究综述［J］.中国农学通报，2014，30（35）：314-320.

张福锁，申建波.根际微生态系统理论框架的初步构建［J］.中国农业科技导报，1999，1（4）：15-20.

张铭真.烟草根结线虫病抗性关联分析［D］.郑州：河南农业大学，2017.

张仁军，陈雅琼，张洁梅，等.健康与根结线虫烟田根际土壤微生物群落对比分析［J］.中国农学通报，2021，37（26）：124-132.

张淑婷.土壤酸化及铝离子影响烟草青枯病发生的微生物组学机制研究［D］.重庆：西南大学，2022.

张艳敏，许巧.保护地土壤酸化盐渍化发生原因分析及其矫治改良技术措施［J］.河南农业，2022，630（34）：12，24.

赵柏霞，潘凤荣，韩晓日.基于高通量测序技术的樱桃根际细菌群落研究［J］.土壤通报，2018，49（3）：596-601.

郑家瑞，李云洲.BTH诱导番茄耐番茄斑萎病毒（TSWV）研究［J］.核农学报，2022，36（3）：489-496.

左梅，谭军，向必坤，等.根际土壤性状对烟田烟草根结线虫病害发病等级的影响［J］.土壤通报，2020，51（4）：885-890.

ADAM M，WESTPHAL A，HALLMANN J，et al. Specific Microbial Attachment to Root Knot Nematodes in Suppressive Soil［J］. Applied & Environmental Microbiology，2014，80（9）：2679-2686.

BERENDSEN R L，PIETERSE C M J，BAKKER P A H M. The rhizosphere microbiome and plant health［J］. Trends in Plant Science，2012，17（8）：478-486.

BULGARELLI D，SCHLAEPPI K，SPAEPEN S，et al. Structure and functions of the bacterial microbiota of plants［J］. Annual Review of Plant Biology，2013，64（1）：807-838.

EL-HADAD M E，MUSTAFA M I，SELIM S M，et al. The nematicidal effect of some bacterial biofertilizers on *Meloidogyne incognita* in sandy soil［J］. Brazilian Journal of Microbiology，2011，42（1）：105-113.

ERLACHER A, CARDINALE M, GROSCH R, et al. The impact of the pathogen *Rhizoctonia solani* and its beneficial counterpart *Bacillus amyloliquefaciens* on the indigenous lettuce microbiome [J]. Frontiers in Microbiology, 2014, 5: 175.

FURUSAWA A, UEHARA T, IKEDA K, et al. Ralstonia solanacearum colonization of tomato roots infected by *Meloidogyne incognita* [J]. Journal of Phytopathology, 2019, 167 (6): 338-343.

HU J, WEI Z, FRIMAN V P, et al. Probiotic diversity enhances rhizosphere microbiome function and plant disease suppression [J]. mBio, 2016, 7 (6): e01790.

IRIKIIN Y, NISHIYAMA M, OTSUKA S, et al. Rhizobacterial community-level, sole carbon source utilization pattern affects the delay in the bacterial wilt of tomato grown in rhizobacterial community model system [J]. Applied Soil Ecology, 2006, 34 (1): 27-32.

JOUSSET A, SCHEU S, BONKOWSKI M. Secondary metabolite production facilitates establishment of rhizobacteria by reducing both protozoan predation and the competitive effects of indigenous bacteria [J]. Functional Ecology, 2008, 22 (4): 714-719.

KYSELKOVÁ M, KOPECKÝ J, FRAPOLLI M, et al. Comparison of rhizobacterial community composition in soil suppressive or conducive to tobacco black root rot disease [J]. the Isme Journal, 2009, 3 (10): 1127-1138.

LAZCANO C, GÓMEZ-BRANDÓN M, REVILLA P, et al. Short-term effects of organic and inorganic fertilizers on soil microbial community structure and function [J]. Biology and Fertility of Soils, 2013, 49 (6): 723-733.

LI M, WEI Z, WANG J N, et al. Facilitation promotes invasions in plant-associated microbial communities [J]. Ecology Letters, 2019, 22 (1): 149-158.

LI X, ZHANG Y N, DING C, et al. Declined soil suppressiveness to *Fusarium oxysporum* by rhizosphere microflora of cotton in soil sickness [J]. Biology and Fertility of Soils, 2015, 51 (8): 935-946.

LIU C, YANG Z, HE P, et al. Deciphering the bacterial and fungal communities in clubroot-affected cabbage rhizosphere treated with *Bacillus Subtilis* XF-1 [J]. Agriculture, Ecosystems & Environment, 2018, 256: 12-22.

LIU X, ZHANG S, JIANG Q, et al. Using community analysis to explore bacterial indicators for disease suppression of tobacco bacterial wilt [J]. Scientific Reports, 2016, 6 (1): 1-11.

LOPEZ-GRESA M P, PAVA C, RODRIGO I, et al. Effect of benzothiadiazole on the metabolome of tomato plants infected by Citrus exocortis viroid [J]. Viruses, 2019, 11 (5): 473-488

MURUGAIYAN S, BAE J Y, WU J, et al. Characterization of filamentous bacteriophage PE226 infecting Ralstonia solanacearum strains [J]. Journal of Applied Microbiology, 2011, 110 (1): 296-303.

NIU B, WANG W, YUAN Z, et al. Microbial Interactions within multiple-strain biological control agents impact soil-borne plant disease [J]. Frontiers in Microbiology, 2020, 11: 2452

ORION D, KRITZMAN G, MEYER S, et al. A role of the gelatinous matrix in the resistance of root-knot nematode (*Meloidogyne* spp.) eggs to microorganisms [J]. Journal of Nematology, 2001, 33 (4): 203-207.

PAUL CHOWDHURY S, BABIN D, SANDMANN M, et al. Effect of long - term organic and mineral fertilization strategies on rhizosphere microbiota assemblage and performance of lettuce [J]. Environmental Microbiology, 2019, 21 (7): 2426-2439.

RAAIJMAKERS J M, WELLER D M. Natural plant protection by 2, 4-diacetylphloroglucinol-producing *Pseudomonas* spp. in take-all decline soils [J]. Molecular Plant-Microbe Interactions, 1998, 11 (2): 144-152.

RODGER S, BENGOUGH A G, GRIFFITHS B S, et al. Does the presence of detached root border cells of *Zea mays* alter the activity of the pathogenic nematode *Meloidogyne incognita* [J]. Phytopathology, 2003, 9 (93): 1111-1114.

SCHMIDT J E, KENT A D, BRISSON V L, et al. Agricultural management and plant selection interactively affect rhizosphere microbial community structure and nitrogen cycling [J]. Microbiome, 2019, 7 (1): 1-18.

SCHROTH M N, HANCOCK J G. Disease-suppressive soil and root-colonising bacteria [J]. Science, 1982, 216 (4553): 1376-1381.

TREJO-SAAVEDRA D L, GARCIA-NERIA M A, RIVERA-BUSTAMANTE R F. Benzothiadiazole (BTH) induces resistance to Pepper golden mosaic virus (PepGMV) in pepper (*Capsicum annuum* L.) [J]. Biological Research, 2013, 46 (4): 333-340.

WANG T, HAO Y, ZHU M, et al. Characterizing differences in microbial community composition and function between *Fusarium* wilt diseased and healthy soils under watermelon cultivation [J]. Plant and Soil, 2019, 438 (1): 421-433.

WEI Z, YANG T, FRIMAN V P, et al. Trophic network architecture of root-associated bacterial communities determines pathogen invasion and plant health [J]. Nature Communications, 2015, 6 (1): 1-9.

WU K, YUAN S, WANG L, et al. Effects of bio-organic fertilizer plus soil amendment on the control of tobacco bacterial wilt and composition of soil bacterial communities [J]. Biology and Fertility of Soils, 2014, 50 (6): 961-971.

XIONG W, GUO S, JOUSSET A, et al. Bio-fertilizer application induces soil suppressiveness against Fusarium wilt disease by reshaping the soil microbiome [J]. Soil Biology and Biochemistry, 2017, 114: 238-247.

XIONG W, SONG Y, YANG K M, et al. Rhizosphere protists are key determinants of plant health [J]. Microbiome, 2020, 8 (1): 27.

YABUUCHI E, KOSAKO Y, YANO I, et al. Transfer of two Burkholderia and an Alcaligenes species to Ralstonia gen. nov.: proposal of Ralstonia pickettii (Ralston, Palleroni and Doudoroff 1973) comb. nov., Ralstonia solanacearum (Smith 1896) comb. nov. and Ralstonia eutropha (Davis 1969) comb. nov [J]. Microbiology and Immunology, 1995, 39 (11): 897-904.

ZHOU D, JING T, CHEN Y, et al. Deciphering microbial diversity associated with Fusarium wilt-diseased and disease-free banana rhizosphere soil [J]. BMC microbiology, 2019, 19 (1): 1-13.

图书在版编目（CIP）数据

微生态调控防治蔬菜连作病害的理论与实践 / 丁伟，罗雪峰，李姗蓉编著. -- 北京：中国农业出版社，2024. 10. -- ISBN 978-7-109-32979-9

Ⅰ. S436. 3

中国国家版本馆 CIP 数据核字第 2024ED8124 号

微生态调控防治蔬菜连作病害的理论与实践
WEISHENGTAI TIAOKONG FANGZHI SHUCAI LIANZUO BINGHAI
DE LILUN YU SHIJIAN

中国农业出版社出版

地址：北京市朝阳区麦子店街 18 号楼

邮编：100125

责任编辑：王陈路

版式设计：王　怡　责任校对：吴丽婷

印刷：中农印务有限公司

版次：2024 年 10 月第 1 版

印次：2024 年 10 月北京第 1 次印刷

发行：新华书店北京发行所

开本：880mm×1230mm　1/32

印张：7.625　插页：4

字数：226 千字

定价：68.00 元

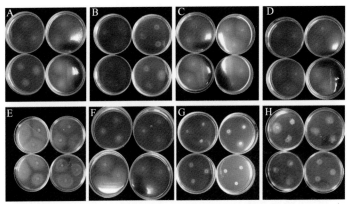

彩图 1　有机酸诱导下的青枯菌平板运动

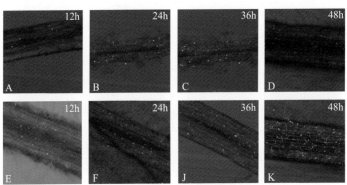

彩图 2　肉桂酸对青枯菌在根部定殖的影响

A

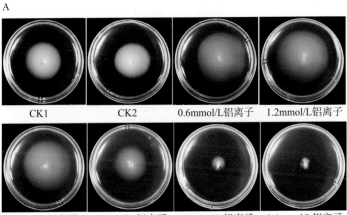

彩图 3　铝离子对青枯菌运动性的影响

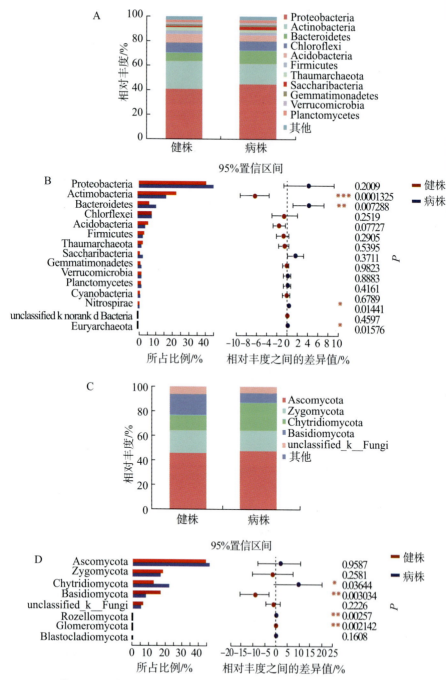

彩图 4 发病植株与健康植株根际土壤微生物群落在门水平上的组成

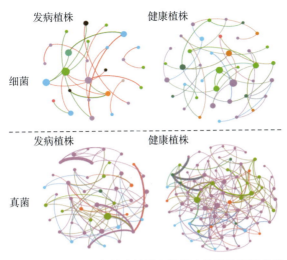

彩图 5　发病植株与健康植株土壤微生物群体网络分析

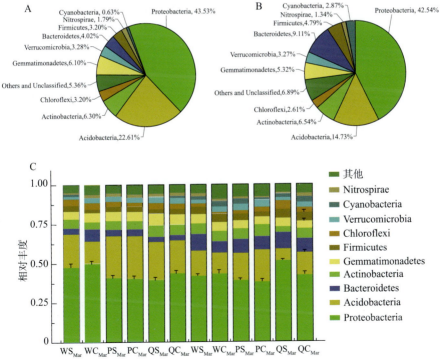

彩图 6　3 月（A）和 9 月（B）的微生物总体分布以及不同条件下的细菌多样性（C）

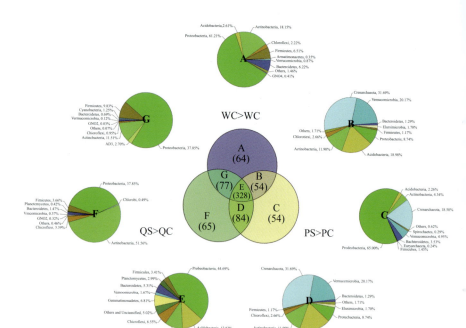

彩图 7　根际微生物维恩分析

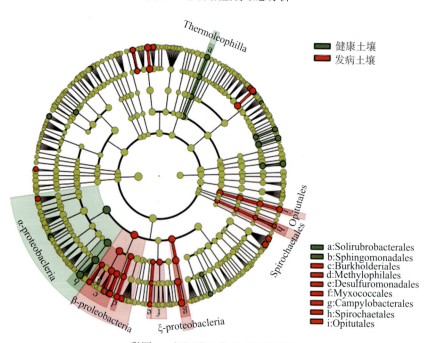

彩图 8　根际微生物关系图谱分析

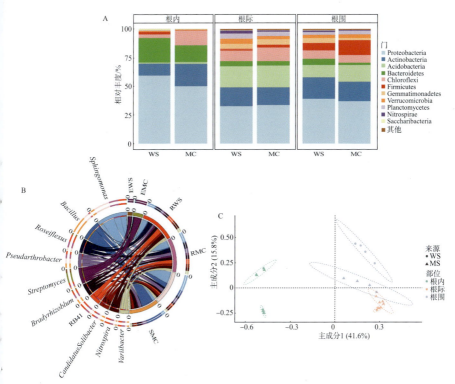

彩图9　根围、根际、根内微生物组在门（A）和属水平
（B）上的组成特征及空间距离分布情况（C）

彩图10　苗强壮基质拌菌对辣椒苗床长势影响

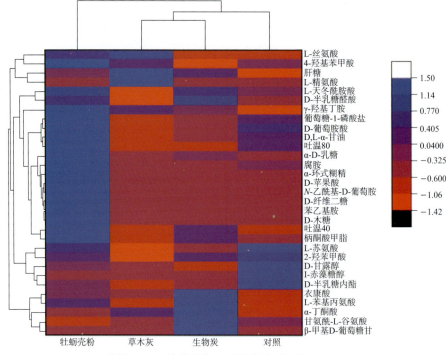

彩图 11　土壤微生物对不同碳源利用情况（96h）

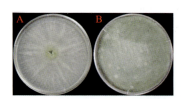

彩图 12　菌株在 PDA 上的菌落形态

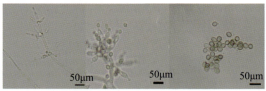

彩图 13　活性菌株的分生孢子梗

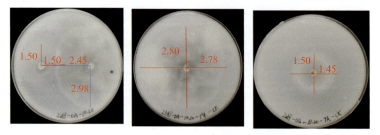

彩图 14　哈茨木霉 TMN-1 对疫霉菌的抑菌活性

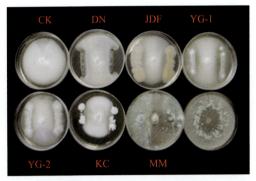

彩图 15　哈茨木霉等不同生防菌对镰刀菌的平板抑制活性

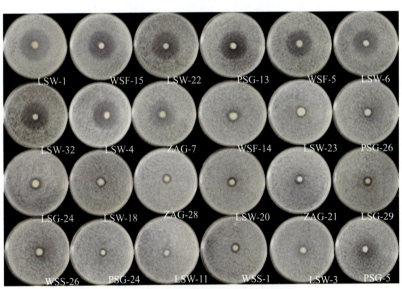

彩图 16　不同拮抗细菌对青枯菌的平板抑菌效果

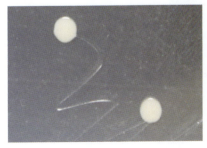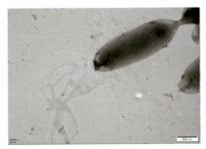

彩图 17　LSW-4 菌落形态（左）及透射电镜图（右）

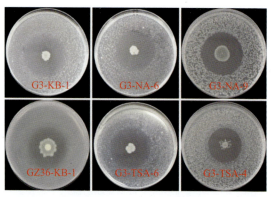

彩图 18　不同拮抗内生菌对青枯菌的平板抑菌效果

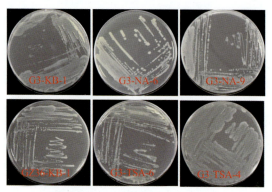

彩图 19　青枯病菌拮抗内生菌菌落形态

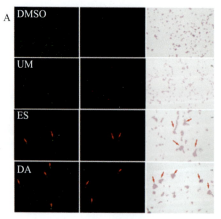

彩图 20　羟基香豆素类化合物处理后青枯雷尔氏菌的荧光显微图像